중국의
맛

중국의 맛

마라, 쏸라, 톈셴… 혀끝으로 읽는 중국 음식과 문화

초판 1쇄 발행 | 2022년 7월 5일

지은이 | 김진방, 김상윤, 손덕미

펴낸곳 | 도서출판 따비
펴낸이 | 박성경
편　집 | 신수진, 정우진
디자인 | 이수정
출판등록 | 2009년 5월 4일 제2010-000256호
주소 | 서울시 마포구 월드컵로28길 6(성산동, 3층)
전화 | 02-326-3897
팩스 | 02-6919-1277
메일 | tabibooks@hotmail.com
인쇄·제본 | 영신사

ISBN 979-11-92169-09-5 03590
값 15,000원

중국의 맛

마라, 쏸라, 톈셴… 혀끝으로 읽는 중국 음식과 문화

김진방 · 김상윤 · 손덕미 지음

이름 붙지 못한 감각을 제대로 논의할 길은 없다. "왜 그거 있잖아?"쯤의 우물쭈물로는 사람의 구체적인 감각, 미각, 행동, 태도, 심성, 일상을 구체적으로 드러낼 수 없다. 감각에 구체성을 부여하면서 드디어 내 혀가, 입이, 맛이, 나아가 음식에 깃든 맛의 설계가 눈앞에 분명히 떠오른다. 한 음식과 미각을 둘러싼 그다음의 표현과 묘사와 논의가 다시 열린다. 그래서 이 책이 반갑다.

이 책에는 구체적인 음식에서 출발한 '감각에 이름 붙이기' 과정이 담겨 있다. 과정 이전의 궁리 또한 얌전하게 드러난다. 예컨대 중국 대륙 또는 중화권 한복판에 부대찌개와 김치찌개가 나란히 놓였을 때, 자작하거나 흥건한 떡볶이와 양념치킨이 놓였을 때, 한국인은 그 미각을 어떻게 설명할 수 있는가? 중화권 사람들은 이를 어떻게 이해하고 수용하는가? 뒤집어, 중식 '마라'는 한국인에게 어떻게 다가오는가?

견주며 구체적인 감각의 이름과 표현의 방식을 포착하는 사이에 미각의 언어가 선명해진다. 아주 맛있게 선명해진다.

고영 | 음식 문헌 연구자

외국인이 "한식의 특징은 이것이다!"라고 요약 정리한 글을 보면서 우리가 '아하, 그렇지!'라고 동의하는 일은 별로 많지 않다. 오히려 그 요약 정리와 맞지 않는 사례들의 목록이 머릿속에서 자동생성된다. 일반화는 핵심만 추려내는 과정에서 어쩔 수 없이 뭔가를 빠트리게 마련인데, 일반화의 대상을 매일 누리고 겪는 이들에게는 그 빠진 자리가 유독 더 눈에 잘 띄기 때문이다. 하물며 중국처럼 큰 대상의 핵심을 잡아내는 일은 너무나 막막해 보인다.

그런 면에서, '중국의 맛'이라는 야심찬 제목을 보면 의심이 들 수도 있다. 하지만 이 책은 "중국의 맛은 이것이다!"라고 호기롭게 선언하지 않는다. 반대로 가장 구체적인 데서부터 이야기를 풀어나간다. 저자들이 만난 중국인 한 명 한 명의 말과 행동, 생각이 그것이다.

중국이라는 거대 문명을 이루고 있는 지역, 세대, 성별, 문화가 다른 수많은 사람들을 이해하지 않고는 중국의 음식문화를 이해할 수 없다. 즉 중국의 맛을 이해하는 것은 중국을 이해하는 것이고, 그 반대도 마찬가지다. 이는 쉬운 일이며 동시에 어려운 일이다.

중국과 중국 사람들에게 애정과 관심을 갖고 다가선다면 쉬운 일이겠지만, 단순히 기발한 아이템 몇 가지를 잡아서 장사를 하겠다는 마음으로 접근한다면 끝없이 어려운 일이 될 것이다.

이 책은 그 쉽지만 어려운 길을 포기하지 않고 갈 수 있도록 격려해주는 친절한 여행 안내서라고 할 수 있다. 이 책을 읽고 나면 '아, 중국 음식을 더 많이 맛보고, 중국 사람들과 더 많이 대화하고, 그들과 한국 음식도 더 많이 나누고 싶다'는 생각이 들 것이다. 그리고 '중국의 맛'이 무엇인지에 대한 답은 그 안에서 스스로 모습을 드러낼 것이다.

김태호 | 전북대학교 한국과학문명학연구소 교수, 《근현대 한국 쌀의 사회사》 저자

중국에서는 한국의 짜장면과 짬뽕을 '한국식'이라고 부른다. 심지어 현지의 매체에 이 요리를 실을 때 새로 연출해서 찍는다. 처음 보는 요리라는 뜻이다. 양국은 알다시피 오래 전부터 교류했다. 놀랍게도 비행기로 쉉쉉 날아다니고 실시간으로 상대를 들여다볼 수 있는 당대에 음식분화의 괴리가 더 커졌다. 한편으로는 열광적

으로 마라탕과 삼계탕을 공유하는 양국이 말이다. 그 이유는 무엇일까? 가까운 듯 더 멀어진 양국 음식의 관계는 왜 그런 걸까? 그 이해할 수 없는 궁금증은 책을 다 읽고 나면 놀랍게도 스르륵 풀린다. 당대 중국 음식에 가장 밝은 팔팔한 저자들의 날카로운 분석에 읽는 맛이 산다. 중국 음식을 더 먹고 싶어지는 건 저자들의 공이다.

박찬일 | 요리사, 음식칼럼니스트

먹거리를 고르는 중국의 '손'이 빠르게 변하고 있다. 우리 먹거리 중 어떤 것을 중국에서 팔지 고민하는 분들에게 중국 전문 김진방 특파원이 대표 집필한 이 책의 일독을 권한다. 먹거리를 고르는 중국의 '눈'도 시시각각 변하고 있다. 우리 먹거리를 중국에서 어떻게 소개할지 고민하는 분들에게 중식 전문 인플루언서 금진방이 집필한 이 책의 재독을 권한다.

오형완 | 한국농수산식품유통공사 부사장

차례

들어가며

"삼계탕은 좋지만 죽은 싫어요. 부대찌개가 김치찌개보다는 훨씬 맛있죠."

한국을 찾는 유커(游客: 중국 여행객)에게 삼계탕과 부대찌개는 인기 메뉴지만 죽과 김치찌개는 상대적으로 인기가 없다. 중국에도 삼계탕과 비슷한 라오지탕(老鸡汤노계탕)과 광둥성 차오저우(潮州)의 유명한 죽처럼 중국인이 좋아하는 현지 음식이 있는 것을 보면, 두 음식에 대해 호불호가 갈리는 것이 외국 음식을 접할 때 느끼는 낯섦과 익숙함의 문제는 아니다.

같은 찌개류인 김치찌개와 부대찌개에 대한 유커의 반응이 확연히 다르게 나타나는 것을 보면, 도대체 어떤 기준으로 호와 불호가 갈리는지 일쏭달쏭하다. 알 늦 말 듯한 이 미묘한 간극은 한국인이 쉽게 알아채기 어렵다.

이제 답을 찾아보자. 중국인은 어떤 맛에 더 끌리는 걸까? 답은 그리 심오한 것도 아니지만, 또 간단히 알 수 있는 것도 아니다.

먼저, 부대찌개와 김치찌개를 비교해보자. 중국 음식의 특징 중 하나는 푸짐하고 다양한 식재료를 조합하는 것이다. 부대찌개와 김치찌개의 재료 구성을 비교하면 왜 중국인의 입맛이 갈리는지 쉽게 알 수 있다. 부대찌개의 풍성하고 다양한 재료와는 반대로, 김치찌개는 주재료 김치에 한두 가지 부재료만 섞어 만든다. 김치찌개의 단출한 구성과 진한 맛이 중국인 입에는 맞지 않는 것이다.

한편, 삼계탕과 죽에 대한 중국인의 기호 차이는 식습관과 생활습관에서 비롯된다. 중국인의 식습관에서 '보양'은 중요한 자리를 차지한다. 온갖 한약재와 살이 보들보들한 닭, 그리고 그 재료들이 우러난 진한 국물까지, 삼계탕은 중국인의 입맛에 딱 들어맞는 '맛있는' 음식의 요소를 모두 갖췄다. 죽은 어떨까? 중국인도 죽을 자주 즐긴다. 가벼운 식사를 하는 아침에 먹거나 한국인과 마찬가지로 몸이 아플 때 주로 죽을 찾는다. 그럼 중국인이 한국의 죽을 좋아하지 않는 이유는 무엇일까? 의외로, 답은 맛에 있지 않다. 중국인이 죽을 즐겨 먹기는 하지만, 중국에서 죽은 한국에서처럼 비싼 값을 치르고 먹는 음식이 아니다. 죽에 아무리 귀한 전복과 낙지, 송로버섯이 들어 있다 한들, 중국인의 눈에는 그저 아침 대용으로 가볍게 즐기는 요리일 뿐이다. 그러니까 한마디로, 한국의 죽은 중국인 입장에서 보면 너무 '비싼' 음식이다. 마치 한국인이 유럽에 가서 먹는 생굴 같다고 할까. 아무리 굴 맛이 좋고 우리 입맛에 맞는다 해도, 한국에서 먹는 굴의 몇 배 값을 치르고 먹기엔 선뜻 손이 가지 않는다. 가격 대비 만족감이 주는 '가심비(價心比)'의 문제가 선택을 주저하게 한다. 중국인이 한국의 죽에 지갑 열기를 주저하는 이유가 바로 이것이다. 즉, 호불호는 단순히 '맛'으로 결정되는 것이 아니라 여러 가지 복합적인 요인에 의해 결정된다. 이 미묘한 포인트는 한국과 중국의 문화 차이와 맛에 대한 판단 요소의 차이에서 기인한다.

이렇듯, 한국과 중국의 '맛'은 의외의 지점에서 갈린다. 한국인 입장에서 크게 신경 쓰지 않는 부분이 중국인에게는 중요한 선택 기준이 되는 셈이다.

최근 한국과 중국 간의 음식문화 교류가 왕성해지면서 중국 음식은 더 이상 낯선 요리가 아니게 되었다. 더 나아가, 많은 한국 식품기업과 개인이 중국의 거대한 내수 시장을 공략할 제품과 메뉴를 만들어 도전장을 내밀고 있다. 하지만 중국인이 선호하는 '중국의 맛'을 찾는 길은 우리에게 여전히 난제로 남아 있다.

이미 많은 서적과 매체를 통해 중국 음식과 지역별 특색에 관한 자료는 어렵지 않게 찾을 수 있다. 이런 자료만으로 우리가 찾는 중국의 맛을 발견할 수 있을까? 현실은 한국보다 훨씬 다양한 식재료, 상이한 음식문화와 생활습관, 조리법에서 기인한 복잡한 요소가 얼기설기 뒤엉켜 있다. 단순히 맛에 영향을 주는 식재료 외에도 사회문화적 요인까지 숨어 있기 때문에, 우리가 원하는 '중국의 맛'을 찾는 것은 막막하기만 하다.

손에 닿을 듯 말 듯한 모기 물린 자리 같은 한중의 맛 차이를 시원스레 긁어주려는 게 이 책을 쓰게 된 동기다. 양국 간 맛의 차이와 그 원인을 알면 우리의 맛을 중국인의 기호에 맞게 현지에 소개할 수 있지 않을까. 뭔가 엄청나게 특별한 비결이 있는 것은 아니다. 다만, 중국 식품 컨설팅 회사인 거송상사의 김상윤 대표와 손덕미 이사가 수십 년간 중국 식품 마케팅에 종사하며 전문가로서 쌓은 경험을 통해 비결을 더듬어

볼 것이다. 두 전문가는 중국 현지화에 성공한 한국 대표 식품 기업인 오리온에 몸담으며 중국 시장이라는 전장을 헤쳐왔다. 또, 열정적으로 중국의 맛을 탐구해온 연합뉴스 김진방 베이징 특파원이 피부와 혀로 느낀 생생한 경험 역시 중요한 길라잡이가 될 것이다.

물론, 우리가 감히 중국의 맛을 속속들이 이해한다고 말할 수는 없다. 대신 오랜 기간 맛에 관해 고민하며 체득한 노하우를 통해 조금 더 쉽게 중국의 맛에 다가갈 방법을 소개할 것이다.

이 책에서는 크게 오미, 식감, 식재료, 생활방식 등 네 가지 분야를 통해 양국의 맛 차이를 알아보고자 한다.

일반적으로 한국인은 오미(五味)인 단맛, 짠맛, 신맛, 쓴맛, 감칠맛에 한국인이 애호하는 매운맛(통각)까지 더해 각각의 독립된 맛을 즐기는 반면, 중국인은 이러한 맛들이 혼합된 쏸라(酸辣), 톈쏸(甜酸), 마라(麻辣) 같은 복합적인 맛을 선호한다. 또, 식감같이 중국인이 맛의 중요한 구성요소로 여기는 기준에 관해서도 구체적인 사례를 들어 심도 있게 다뤄보고자 했다. 맛에 영향을 주는 중국인의 식습관과 생활태도도 자세히 조명했다.

이 책이 식품학 전공서나 요리책같이 중국 음식의 재료와 조리법을 세세히 서술하고 있는 것은 아니다. 그보다는 한중 간 맛에 대한 인지 차이가 나타나는 원인을 사례 중심으로 간결하고 쉽게 정리했다. 실제 중국 현지에 진출해 중국인에게 사랑받거나 외면받은 한국의 맛도 사례를 통해 다뤘다.

중국인 입맛에 도전하려는 분들이 이 책을 통해 맛의 현지화 과정에서 흔히 겪는 시행착오를 줄일 수 있기를 바란다. 또, 독자들이 책을 덮었을 때 지금껏 몰랐던 중국의 맛이 머리와 입 속에 가득하기를 희망한다.

2022년 7월

저자들을 대표해

김진방

중국의 오미

복합적인 맛을 추구하는 중국 음식

단맛, 짠맛, 신맛, 매운맛, 쓴맛 vs 단짠, 단신, 신라, 마라

시고 매운데 시고 매운 맛이 아니다. 중국인들은 이런 맛을 '쏸라(酸辣산랄)' 맛이라 부른다.

달고 신데 달고 신 맛이 아니다. 그들은 이런 맛을 '톈쏸(甜酸첨산)' 맛이라 부른다.

입안이 화하고 매운데 화하고 매운맛이 아니다. 그들은 이런 맛을 '마라(麻辣마랄)' 맛이라 부른다.

선문답 같은 이 문장들은 깊은 산 속 암자의 도력 높은 스님이 던지는 화두가 아니다. 바로 한국인과 중국인의 혀끝에서 일어나는 차이를 표현한 것이다.

시면 신 것이고 매우면 매운 것이지 '쏸라'라니, 무슨 공감각적 심상 같은 소리인가 하며 고개를 갸우뚱거리는 게 당연하다. 최근 한국에도 마라 열풍이 불면서 이런 오묘한 중국의 맛들이 우리의 혀 위에 찾아오기 시작했다.

우리는 이전에는 없던 이방인의 맛들을 처음엔 낯설어하다가, 나중엔 호기심에 맛을 보고, 이제는 즐기는 단계까지 왔다. 더 나아가서는 많은 한국 식품기업이 거대한 내수 시장을 가진 중국을 공략할 제품을 만들기도 한다. 하지만 중국의 맛이 아직은 우리에게 낯설고, 대부분 어둠에 가려 있는 미지의 영역으로 남아 있다.

단층적인 한국과 복합적인 중국.

맛에 대한 한국과 중국의 차이를 한마디로 설명하자면 이렇게 표현할 수 있다. 두 지역의 맛의 우위를 따지는 것이 아니라, 양국의 맛 차이를 이해하는 데는 이만한 문장이 없다.

한국에서는 흔히 맛을 다섯 가지로 나누며 '오미(五味)'라 말한다. 여기에 통각인 매운맛을 더해 맛의 기본을 이룬다. 우리가 자주 듣는 단맛, 짠맛, 신맛, 쓴맛, 감칠맛, 매운맛이 바로 한국인의 맛이다.

한국인은 여섯 가지 맛의 개별적인 특징을 중시하며, 이 맛들을 배합하기도 하지만, 화학적 배합이 아니라 물리적인 뒤섞임을 즐긴다. 즉, 신맛과 매운맛을 시큼함과 매콤함이 각각 독립된 상태로 어우러지는 것에 익숙하지, 중국인처럼 신맛과 매운맛이 화학적으로 한데 엉킨 '쏸라'한 맛을 즐기거나 인식하지 않는다. 반면 중국인은 신맛, 매운맛, 쏸라 맛을 각각 개별적인 맛으로 느낀다. 그러니까 신맛과 매운맛이 물리적으로 섞인 음식과 애초에 쏸라 맛이 나는 음식이 서로 다르다고 느끼는 것이다.

또 한 가지, 식감에 관한 인식도 두 지역이 서로 다르다. 한국은 식감을 맛의 범주에 넣지 않는다. 우리가 흔히 사용하는 맛에 관한 표현을 예로 들어보자.

"와, 이거 진짜 맛있는데 식감이 좀 별로다."

이 표현에는 맛과 식감을 분리해 생각하는 한국인의 사고가 들어 있다. 맛은 원천적으로 혀와 코로 느끼고, 식감은 따로 떼서 부수적으로 인식한다.

중국은 어떨까? 중국에서는 맛에 식감이 포함돼 있다. 중국어로는 '커우간(口感)'이라고 하는데 한국의 식감보다는 맛을 평가하는 데 좀 더 중요한 역할을 하는 개념이라 할 수 있다. 중국에서 자주 사용하는 맛 표현을 예로 들어 한국과 비교해보자.

"이거 맛이 없네. 식감이 별로라서."

앞선 표현과 비슷한 듯하면서도 매우 다르다.

앞선 표현은 맛은 있지만 식감이 조금 부족하다는 뜻으로, 일단 그 음식이 '맛있다'는 전제가 깔렸다. 반대로, 중국에서 쓰는 표현은 식감이 좋지 않기 때문에 맛이 없다는 뜻이다. 미각과 후각으로만 '맛있다', '맛없다'를 규정하는 게 아니라, 맛의 판단에 식감이 상당히 중요한 역할을 하는 셈이다. 이 예시는 식감이 두 국가의 맛 평가에서 차지하는 비중을 잘 보여준다.

실제 중국에서 사용하는 맛에 관한 표현을 보면 더 이해가 잘된다.

"살코기가 많아 담백하지만 퍽퍽하지 않다."(瘦而不柴)

"부들부들하지만 느끼하지 않다."(肥而不膩)

이렇듯 중국인은 맛과 커우간을 맛의 테두리 안에 함께 두고 표현한다. 중국인의 머릿속에서는 식재료나 양념이 내는 맛과 냄새 그리고 입안에서 느껴지는 커우간을 하나로 묶어 '맛'으로 여기는 것이다. 말로 표현하기 어려운 한국과 중국의 이런 맛 차이를 하나씩 더듬어가는 게 우리의 목적이자 목표다.

미각 대 웨이다오

한중 간 맛 차이를 가장 분명하게 느낄 수 있는 부분은 바로 미각이다. 중국의 맛에 입문하기 위해 반드시 넘어야 하는 관문이자 가장 이해하기 어려운 단계라고도 할 수 있다.

한국에서는 흔히 미각이라고 부르는 감각을 중국에서는 '웨이다오(味道)'라고 한다. 웨이다오의 한자를 그대로 풀이하면 '맛(味)의 길(道)'이라는 뜻인데, 굳이 맛에다가 길이라는 글자를 더한 이유는 무엇일까. 춘추전국시대의 고서《황제내경(黄帝内经)》에 힌트가 될 만한 문장이 나온다.

> 天食人为五气 地食人为五味
>
> 하늘은 사람에게 다섯 가지 기운을 전해주고, 땅은 사람에게 다섯 가지 맛을 전해주었다.
>
> 《黄帝内经》〈素问〉第九篇 即 '素问·六节藏(脏)象论篇'
>
> (번역은 저자들이 한 것이다.)

중국은 예로부터 먹거리의 맛(중국의 오미: 신맛, 단맛, 짠맛, 쓴맛, 매운맛)*이 인체의 기운(五气)에 영향을 끼친다고 믿었다. 이런 생각은 현대에까지 전해져 내려오고 있으며, 중국의 식문화에 뿌리 깊게 박혀 있다. 중국인은 이런 생각에 기초해 오미를 조화롭게 융합하는 방법론을 발전시켜왔다. 그 결과 오미의 상호 균형과 조화를 이루는 맛을 추구하게 됐고, 맛에 다다르는 방법을 웨이다오(味道)라 칭하게 됐다.

중국의 맛을 경험하면서 가장 먼저 깨닫게 되는 차이이자 가장 두드러진 특징이 바로 다중성이다. 다중성이라 하면 선뜻 이해가 되지 않을지도 모른다. 한마디로 설명하면, 두 가지 이상의 맛이 혼용돼 느껴지는 다층적인 맛을 가리킨다. 한국에서는 오미 각각의 맛을 독립적으로 느끼고 맛보는 데 익숙하다. 이와 달리, 중국에서는 최소 두 가지 맛이 어우러져 형성된 맛을 선호한다. 중국의 유명 식문화 다큐멘터리인 〈혀끝으로 만나는 중국(舌尖上的中国)〉을 보면 이에 대한 명쾌한 해설이 나온다.

* 현대의 오미 중 하나인 감칠맛은 20세기 초 일본에서 발견됐기 때문에, 한중 간 맛을 비교할 때 오미의 정의는 중국의 옛 기준을 사용한다.

在中国人的厨房里，某种单一味道很难独自呈现，五味最佳的存在方式是调和以及平衡，这不仅是中国历代厨师不断的寻找完美状态，也是中国人在为人处事甚至在治国经世上所追求的理想境界。

중국의 맛은 오미 중 한 가지 단일한 맛으로는 완성도를 높이기 어렵다. 오미의 가장 좋은 존재 방식은 조화와 균형이다. 이것은 역대 중국 요리사들이 끊임없이 연구하여 완성한 완벽한 상태일 뿐 아니라, 중국인의 인간관계에 대한 태도나 일 처리 방식, 심지어 치국 이념에서도 추구하는 이상적인 경지이기도 하다.

(번역은 저자들이 한 것이다.)

중국의 다층적인 맛은 오미 간의 균형과 조화를 오랜 기간 연구하면서 역사적으로 켜켜이 쌓아 만든 것이다. 이는 오미 각각의 독자적인 맛에 포함되지 않는 새로운 맛이자 그 자체로 독립적인 맛을 형성하고 있다. 이러한 특성은 한국의 복합적인 맛과는 다른데, 한국의 복합적인 맛은 즉석에서 섞인 맛이라고 할 수 있다. 한국의 맛의 관점에서 다층적이라는 표현을 좀 더 자세히 들여다보자.

다층(多层)이라는 말은 두 가지 이상의 맛이 섞여 한 번에 느껴지는 것이 아니라 오묘한 조화와 균형을 이루며 단계별로 또는 시차를 두고 맛이 순서대로 느껴진다는 뜻이다. 예를 들면 단맛, 짠맛, 쓴맛, 매운맛, 신맛, 고소한 맛을 서로 섞었을 때 시고 단 '쏸톈(酸甜)', 얼얼하고 매운 '마라', 시고 매운 '쏸라'같이 단계적으로 맛이 느껴지는 것이다. 한국에도 쫄면같이 매콤새콤하고, 떡볶이처럼 매콤달콤한 복합적인 맛이 존재한다. 이는 두 가지 이상의 맛이 동시에 느껴지는 것으로, 중국에서 말하는 다층적인 맛과는 조금 차이가 있다.

한국의 복합적인 맛이 주로 요리 현장에서 즉석으로 양념이 혼합된 맛이라고 한다면, 중국의 다층적인 맛은 주재료와 숙성된 양념이 하나로 어우러진 결과로 미각을 자극한다. 대표적인 사례로 중국의 위샹(鱼香어향)을 들 수 있다. 위샹은 맵고, 달고, 시큼한 맛이 어우러진 중국의 다층적인 맛을 대표하는 사례다. 중국에서는 흔하디흔한 가정식 요리지만 중국의 맛을 탐구하는 데는 아주 중요한 단서가 된다.

위샹은 이름과 달리 물고기가 들어가지 않는다. 붕어가 안 들어간 붕어빵이랄까. 위샹은 일종의 숙성 양념이다. 주재료는 쓰촨(四川)의 파오자오(泡椒포초: 물과 소금에 담가 1개월 정도 숙성 발효시킨 쓰촨 고추)와 중국 식초, 소금이다. 만드는 방법은 쉽다. 파오자오에 중국 식초와 소금을 넣고 함께 기름에 볶아내면 끝이다. 재료들이 어우러지면 새콤, 달콤, 매콤한 세 가지 맛이 입체로 나타나는 위샹이 완성된다. 위샹의 재료는 발효된 파오자오와 역시 오랜 시간 발효된 중국 식초 그리고 소금이기 때문에 재료 각각의 강한 맛이 어우러진 특징을 가진다. 한국의 쫄면이 고추장과 식초, 설탕을 현장에서 섞어 각각의 맛이 생동감 있게 톡톡 튀는 것과 비교하면, 위샹은 입안 가득 농후하고 진한 느낌을 준다.

중국의 다층적인 맛은 인생의 희로애락처럼 맛의 길을 따라 조화롭게 어울리며 또 시차를 두고 혀와 코를 자극한다. 이런 의미에서 중국인은 맛을 표현할 때 인생의 길에 비유되는 뜻의 '다오(道)'라는 글자를 사용했는지도 모른다.

다층적인 맛과 관련한 한국과 중국의 차이는 맛의 우열을 나타내는 것이 아니다. 단지 선호하는 맛이 다름을 보여줄 뿐이다. 한국인이 오미의 개별적인 맛을 선호한다면, 중국인은 두 가지 이상의 다층적인 맛에 대한 선호가 강하다는 뜻이다. 본토의 중국 음식을 처음 접하는 한국인이 인상을 찌푸리며 "양념 향이 너무 강하다"고 불평하거나 "맵고 시고 이상해"라는 평을 내놓는 것도 이런 이유에서다. 반대로 중국인은 한국인이 선호하는 맛에 대해 밋밋하다거나 맛이 풍성하지 않다고 느끼는 경우가 많다.

한국에 있는 가족들이 중국에 왔다가 중국 식당에서 만든 요리가 입맛에 맞지 않아 일정 내내 한국 식당을 찾아다닌 경험을, 중국 교민이라면 누구나 한 번쯤은 해봤다. 이런 난처한 경험을 하게 되는 이유는 중국의 다층적인 맛이 한국인에게 익숙하지 않기 때문이다. 한국인은 중국의 '시고 매운 맛'(쏸라) 같은 다층적인 맛이 낯설기 때문에 중국인의 맛 선호를 근본적으로 이해하기는 매우 어렵다.

좀 더 이해도를 높이기 위해 중국에서 주로 사용하는 맛 조합과 이를 대표하는 음식을 예로 들어보겠다. 중국 오미의 특징을 알아본 뒤, 이 맛들이 어떤 식으로 서로 조화가 되는지 살펴보면 중국의 맛에 한층 가까워질 것이다.

중국의 오미, 한국의 오미와 어떻게 다른가

신맛

숙성이 짧은 양조식초(백초) vs 숙성이 오래된 라오추(흑초)

오미 중 신맛은 혀뿐 아니라 코까지 자극하며 음식 맛을 내는 데 중요한 역할을 한다. 신맛은 음식의 풍미를 높이는 맛으로, 다른 맛과 어울리며 맛에 생동감을 준다. 또, 맛의 균형을 잡는 중요한 역할을 맡는다. 다른 맛처럼 전면에서 맛의 선호를 좌지우지하지는 않지만, 뒤에서 은근하게 받쳐주는 역할을 한다. 한편으로, 한중 간 맛 차이에 가장 큰 영향을 끼치는 맛이기도 하다.

한중 양국에서 신맛을 내는 재료는 공통적으로 식초다. 한국과 중국에서 사용하는 다양한 식초의 특징과 차이를 이해하면 신맛에 대한 양국의 차이를 피부로 느낄 수 있다. 식초는 숙성도에 따라 크게 두 가지로 분류할 수 있다. 숙성 기간이 짧고 톡 쏘는 신맛을 내는 양조 식초, 그리고 숙성 기간이 길고 진득한 신맛을 내는 노식초(중국의 라오추)다.

이해를 돕기 위해 양국에서 공통적으로 즐기는 신맛 음식인 오이무침을 예로 들어보자. 양국의 오이무침을 먹어보면 확연히 맛이 다르다. 더 구체적으로 말하자면 오이무침의 핵심인 신맛 자체가 다르게 느껴진다. 양국의 오이무침은 모두 오이가 주인공이고 식초와 마늘 등 양념을 넣어 새콤달콤한 맛을 내는 음식이다. 한국 오이무침은 가볍게 톡 쏘는 신맛이 감칠맛을 돋우고 마늘과 고춧가루의 매콤한 맛이 나는 반면, 중국 오이무침은 진득한 신맛이 입안에서 오래 머무르며 오이의 향과 어우러져 묵직한 맛을 낸다. 양국 오이무침의 이런 신맛 차이는 어디서 비롯될까?

세부적인 신맛 차이를 설명하기 전에, 한국 교민이 처음 중국 마트에 가서 자주 저지르는 실수를 소개해본다. 중국에 온 지 얼마 안 된 교민은 종종 마트에서 간장을 사서 집에 돌아온 후 요리를 하려고 뚜껑을 열고 나서 불상사가 발생했다는 걸 알아차리곤 한다. "잉? 간장에서 왜 시큼한 향이 나는 거야. 혹시 상한 건가?" 이런 당혹감과 함께 애써 요리한 음식을 버려야 하는 상황을 마주하게 되는 것이다. 이와 비슷한 경험으로, 중국 만둣집에 가서 간장인 줄 알고 종지에 덜어 찍어 먹어보니 시큼한 맛이 났던 적도 있을 것이다.

이런 실수는 중국 신맛의 핵심인 식초의 색이 간장과 헛갈릴 정도로 짙은 검은색을 띠기 때문에 벌어진다. 한국에서 조리할 때 주로 사용하는 식초가 짧은 기간에 양조해 만든 백초라면, 중국 식초는 장기간 숙성해 제조한 흑초다. 그러다 보니 발사믹 식초(Balsamic vinegar)처럼 색이 검고, 맛과 향도 진하다. 한국 식초처럼 시큼한 맛이 쨍하고 톡 쏘며 미각을 자극하는 것이 아니라, 묵직하고 은은한 신맛을 낸다. 한국의 식초가 입에 넣자마자 신맛이 톡 치고 나오면서 끝에 단맛이 살짝 난다면, 중국의 식초는 오랜 시간 숙성해 한국의 장처럼 깊은 신맛을 내는 것이다.

중국의 식초 중 애용되는 식초를 크게 나눠보면, 북부 지역에서는 산시(山西)성에서 생산한 중국 천하제일식초로 불리는 라오천추(老陈醋노진초)를 주로 쓰고, 남방 지역은 장쑤(江苏)성 전장(镇江)에서 나는 샹추(香醋향초)를 많이 사용한다.

3,000년 역사를 자랑하는 라오천추는 라오추(老醋노초), 천추(陈醋진초), 헤이추(黑醋흑초)로도 불린다. 수수가 주원료인 곡물 식초로, 전통적인 양조법에 따라 12개월 이상 장기간 숙성시켜 수분이 적고, 다른 식초보다 식감에 무게감이 있다. 오랜 숙성 기간 탓에 진한 검은색을 띠며 산도 또한 가장 높다. 라

오천추는 중국 바이주(白酒백주)나 푸얼차(普洱茶보이차)처럼 숙성 기간이 길수록 값이 올라간다. 심지어 오래된 식초의 경우는 중국의 명주인 마오타이주 못지않게 비싸다.

샹추는 찹쌀로 만든 대표적인 미초(米醋)다. 라오천추보다는 짧지만 샹추 역시 6개월 동안 숙성시킨다. 맛은 라오천추보다 부드럽고, 색상은 진한 갈색을 띤다. 쌀을 주재료로 만드는 만큼 약간 단맛이 도는 것도 샹추의 특징이다.

라오천추와 샹추를 보면, 양조하거나 희석해 짧은 기간에 만든 식초를 주로 쓰는 한국과 장기간 숙성시켜 만든 식초를 쓰는 중국의 차이가 잘 드러난다. 이게 바로 양국 오이무침의 맛 차이를 만든다.

한중 간 신맛의 차이는 그 사용례에서도 잘 드러난다. 중국인은 한국인보다 신맛에 대한 선호가 강하다. 그래서인지, 중국 신맛의 쓰임새를 이해하지 못한 한국의 식품기업이 중국 시장에 진출할 때 2% 부족한 모습을 보이는 경우가 많다.

중국에서는 식초를 사용하는 경우가 한국보다 훨씬 다양하고 빈번하며, 식습관 자체도 식초를 곁들인 음식을 매일 즐긴다. 반면, 한국에서는 주로 김치 같은 발효 식품을 통해 신맛을 충족하며, 일상에서는 무침이나 탕 요리에 식초를 소량

흑초를 사용한 중국의 오이무침

양조 식초를 사용한 한국의 오이무침

첨가하는 정도다. 결과적으로 중국 음식에서는 한국인의 생각보다 신맛의 영향력이 훨씬 크며, 또한 중국인의 입맛은 신맛의 흔적에 민감하다. 앞서 언급한 것처럼, 신맛은 다른 맛을 더 '맛있게' 만들어주는 도우미 역할을 한다, 그래서 중국인은 매콤새콤한 마라탕(酸辣汤), 쏸라펀(酸辣粉산랄분), 새콤달콤한 탕추위(糖醋鱼당초어) 같은 요리를 할 때면 대부분 식초를 첨가한다. 또, 만두같이 밀가루를 사용한 뻑뻑한 음식을 먹을 때 식감을 부드럽게 해주면서 소화를 촉진하는 용도로 식초를 곁들여 먹는다. 이 밖에 게나 새우 등 해산물을 먹을 때도 식초를 넣어 먹는다. 해산물이 차가운 성질을 갖고 있기 때문에 따뜻한 성질인 식초를 곁들여 몸을 보호하는 용도로 사용하는 것이다. 중국인에게 식초는 맛을 더 잘 즐기기 위한 목적과 동시에 소화 기능에 도움을 주는 존재인 셈이다.

이처럼, 중국의 식초는 중국 식문화에 깊게 스며 있으며 한국보다 종류가 다양하며 사용 빈도 또한 더 높다. 정리해보면, 중국인은 한국인보다 숙성된 식초의 맛에 더 익숙하고, 신맛의 일상화가 이뤄져 있다. 한국과 중국의 맛에서 가장 확연한 차이를 보이는 것이 바로 신맛이다.

단맛

쨍한 단맛의 백설탕 vs 은은한 단맛의 빙탕과 홍탕

우리가 느끼는 맛 중 사람을 가장 즐겁게 하는 것은 단맛이다. 세계적으로도 단맛은 어디에서나 고르게 환영받는 맛이다. 단맛 하면 떠오는 것은 사탕수수를 원료로 만든 설탕인데, 단맛의 주재료로서 세계적으로 공통되게 사용되고 있다. 설탕은 앞서 살펴본 식초의 신맛에 비해 종류에 따른 맛의 차이가 나지 않는 편이다. 겉으로 보기에는 한국과 중국 간 미각적 차이가 단맛에서는 근본적으로 다르지 않다는 의미다. 하지만 속을 들여다보면 요리에 적용하는 단맛의 용례가 다르고, 사용처에 따라 설탕의 종류도 다르다.

한국에서는 주로 설탕의 사용량을 조절해 단맛의 경중으로 맛을 구현한다. 반면, 중국에서는 음식에 따라 백설탕, 빙탕, 홍탕 등을 구분해 사용하며, 맛 이외의 부가적인 기능도 고려한다. 이런 점들이 한중 간 단맛 차이를 만드는 요소다.

중국인의 맛 표현에서도 단맛에 대한 이들의 기호를 이해할 수 있다. 중국인은 단맛을 좋아하되 지나치게 직접적이거나 노골적인 단맛을 즐기지는 않는다. 그래서 단맛에 대한 표현 중에는 강한 단맛에 대한 부정적인 표현이 많다. 대표적으로 '톈니(甜膩첨니)'는 '달아서 느끼하다'라는 표현이고, '허우톈(齁甜후첨)'은 '너무 달아서 코와 목이 불편하다'라는 표현이다.

한국 음식의 단맛이 먹으면 입에서 바로 느껴지는 것이라면, 중국 음식은 비교적 처음부터 단맛이 강하게 느껴지는 것을 피한다. 더구나 먹고 난 후 뒷맛까지 단맛이 늘어지는 것에 상당한 거부감을 갖는다. 중국에서는 이런 미각적 느낌을 느끼하다는 뜻의 '니(膩)'라고 표현한다. 한마디로, 중국인은 한국인보다 단맛을 더 부담스러워한다.

오미에서 대부분 진하고 농후한 맛을 선호하는 중국인이지만, 단맛만큼은 진하고 묵직한 것을 선호하지 않는다. 디저트로 예를 하나 들어보면, 한국의 식혜와 수정과는 중국인 입장에서는 꽤 달다. 그러니까 첫맛부터 끝맛까지 비교적 단맛이 지속해서 올라온다. 반대로, 중국의 전통 음료인 탕수이(糖水)로 자주 애용되는 홍더우이미수이(红豆薏米水홍두어미수: 팥과 율무로 만든 단 음료)와 빙탕쉐리탕(冰糖雪梨汤빙당설리탕: 배즙탕)은 한국인이 먹기에는 약간 밍밍할 정도로 단맛이 약하다. 또, 단맛의 지속성이 짧다는 점에서 한국 음식의 단맛과 차이가 난다. 중국에서 선호되는 단맛은 처음부터 끝까지 달기보다는 대부분 느끼함이 적고 은은한 단맛에 가깝다.

한국과 중국의 단맛의 차이점은 어디서부터 오는 것일까?

중국에서도 단맛의 주재료는 설탕[糖]이다. 다만, 설탕의 종류와 그 사용 방식이 우리와 다르다. 중국에서 가장 많이 사용하는 설탕의 종류는 홍탕(红糖), 빙탕(冰糖), 백설탕(白糖) 세 가지다. 중국 고대 문헌을 찾아보면 설탕의 유래에 관한 기록이 있다. 《신당서(新唐书)》〈서역열전(西域列传)〉에 의하면, 물엿 형태의 설탕이 현대와 같은 설탕의 형태를 갖게 된 시기는 당나라 때다. 당시 인도에서 설탕이 유래됐다는 기록이 있다. 또, 중국인이 가장 즐겨 먹는 홍탕과 빙탕을 사용한 기록이 명대 이시진(李时珍)이 쓴《본초강목(本草纲目)》에 효능에 관한 서술과 함께 남아 있다. 즉, 이 세 종류의 설탕은 오래전부터 중국인의 단맛을 책임져왔다.

건강과 음식 섭취를 연관 지어 생각하는 중국인의 습관은 식약동원(食药同源)이라는 독특한 식문화를 탄생시켰다. 중국에서는 약 대신 일상에서 먹는 식품을 통해 병증을 다스리는 민간요법이 지금도 많이 사용되고 있다(한국에도 비슷한 문화가 있지만, 중국만큼 실생활에서 널리 활용하는 정도는 아니다). 설탕 역시 이런 문화의 영향을 받았다.

정제하지 않고 사탕수수 즙을 졸여 만든 홍탕과
결정을 굳혀 얼음처럼 만든 빙탕

중국 가정에서 가장 흔히 볼 수 있는 설탕은 홍탕이다. 홍탕은 천연 사탕수수 즙을 추출한 다음 오랜 시간 끓이고 졸여 석회법(석회를 진정제로 사용)으로 불순물을 걸러내 만든다. 전체 과정을 통틀어 석회를 제외한 화학 시약이나 식품 첨가물을 넣지 않아 사탕수수 본연의 풍미와 영양성분을 완전히 보전한다.

홍탕은 사탕수수의 즙 그대로를 오랜 시간 졸여 만들기 때문에 백설탕 같은 정제당과 비교해 섬유소, 비타민, 각종 미네랄 성분이 풍부하게 들어 있다. 약간 탄 맛이 나는 게 특징인데, 중국인의 입맛에는 정제되지 않은 투박한 단맛을 가진 홍탕이 덜 달 뿐 아니라 중국인은 홍탕이 건강하다는 인식을 갖고 있다. 실제로 홍탕은 캐러멜 향이 짙게 나면서 먹어보면 백설탕과 같은 설탕이라고 하기에는 완전히 다른 질감과 맛을 가지고 있다.

《본초강목》에는 홍탕이 성질이 따뜻하며 몸을 따뜻하게 해주는 효능이 있다고 나온다. 또, 보혈(補血), 활혈(活血) 등의 기능이 있고 몸의 독소를 빼준다고 기록돼 있다. 중국인은 현대에도 실생활에서 주로 홍탕을 생강과 함께 끓여 생강홍탕으로 만들어 복통이나 생리통이 있을 때 복용한다. 익모초홍탕

(益母红糖), 아교홍탕(阿胶红糖) 등 홍탕을 넣은 음료를 차로 마시기도 한다.

요리할 때도 홍탕을 넣어 색을 내고 부드러운 단맛을 내는 데 사용한다. 홍콩이나 광둥성, 푸젠(福建)성을 여행한 경험이 있는 사람이면 식당 앞에 주렁주렁 걸린, 반들반들 윤이 나는 오리고기나 돼지고기를 봤을 것이다. 다큐멘터리 〈혀끝으로 만나는 중국〉에서 푸젠 차오저우(潮州)의 쉰야(熏鸭훈압: 훈제오리)를 소개하는 부분에 홍탕을 사용해 맛있는 훈제오리를 만드는 장면이 나온다. 차오저우는 사탕수수가 많이 생산되는 지역이다. 그래서일까. 여러 음식에 홍탕을 사용해 은은한 단맛을 즐긴다. 가장 대표적인 요리가 바로 쉰야다. 오리고기를 홍탕과 오향분, 식초 등을 넣어 만든 양념에 재워두었다가 나무통의 안쪽 벽에 걸어 목탄을 때 40여 분간 굽는 요리다. 홍탕 양념이 스며든 훈제오리는 껍질에 은은한 단맛이 코팅되고, 겉모양도 노르스름하고 반질반질해 식욕을 돋운다. 식감도 겉은 바삭하고, 한 입 베어 물면 촉촉한 속살에서 단맛이 은은하게 올라온다. 참고로, 한국의 흑설탕은 백설탕에 색소를 넣거나 정제당을 졸여내 색을 낸 것으로 중국의 홍탕(흑탕)과는 성질이 다르다.

홍탕으로 색과 윤기를 낸 중국의 훈제오리

빙탕을 녹여 졸인 양념을 입혀 색을 낸 홍샤오러우

빙탕은 가루 형태인 백설탕과 달리 어른 손톱만 한 크기의 얼음처럼 결정을 굳힌 설탕이다. 예전에 봉숭아물을 들일 때 쓰던 백반과 모양이 비슷한데, 녹는 속도가 백설탕보다 느리다는 특징이 있다. 따라서 빙탕은 한 번에 단맛을 내는 것이 아니라 서서히 단맛을 낼 때 사용한다. 중국에서 가장 흔히 볼 수 있는 사용법은 차를 우릴 때 집어넣어 은은한 단맛으로 차의 쓴맛을 잡는 것이다. 똑같은 양의 설탕을 집어넣으면 차가 너무 달게 되지만, 빙탕을 넣으면 시간을 두고 서서히 녹으면서 균형 잡힌 단맛을 내준다.

또 다른 사용법은 요리할 때 기름 솥에 빙탕을 녹여 요리에 먹음직스러운 갈색을 입히고, 은은한 단맛이 배게 하는 것이다. 중국 음식 중 유명한 둥포러우(东坡肉동파육), 홍샤오러우(红烧肉홍소육), 탕추파이구(糖醋排骨당초배골) 같은 요리의 갈색이 간장이 아니라 빙탕을 녹여 졸인 양념을 입혀 낸 것이다. 제비집 요리 같은 보양식을 만들 때도, 죽이나 탕수이를 만들 때도 빙탕이 자주 등장한다. 우리가 잘 아는 중국 전통 간식인 빙탕후루(冰糖葫芦빙당호호)도 빙탕을 녹여 만든다.

중국인은 빙탕이 폐 기능을 원활하게 해 여름에 더위를 식히는 데 도움을 준다고 믿는다. 그래서 여름철 중국인이 즐겨 마시는 매실 음료인 쏸메이탕(酸梅汤산매탕)에도 빙탕이 들어간다. 찬바람이 부는 겨울, 프랑스의 뱅쇼(Vin chaud)처럼 중국인이 감기를 떨치기 위해 마시는 빙탕쉐리(冰糖雪梨빙당설리)도 빙탕과 배를 함께 끓인 것이다. 빙탕이 기관지와 폐를 보호한다고 여기기 때문에 빙탕으로 만든 음료를 즐겨 마시는 것이다. 이렇듯 빙탕은 중국인에게 느끼함이 적은 단맛이라는 이미지와 함께 보양에도 좋다고 여겨져 현대까지 애용되고 있다.

설탕에 대한 이와 같은 선호 때문인지, 중국의 백설탕은 한국의 설탕보다 입자가 굵다. 또, 수분 흡수가 잘돼 시간이 지날수록 뭉치고 쉽게 덩어리진다. 입자가 굵다 보니 잘 녹지 않으며 단맛도 한국 설탕보다 약한 편이다. 유추해보면, 홍탕과 빙탕의 단맛에 익숙한 중국인에게 입자가 미세한 백설탕의 단맛은 다소 부담스러울 수 있다.

단맛에 대한 양국의 선호 차이를 잘 보여주는 요리들이 있다. 바로 한국의 양념갈비찜과 중국의 홍샤오러우다. 두 요리는 모두 단맛을 특징으로 한다. 양국에서 모두 환영받는, 대표적인 음식이기도 하다. 하지만 두 요리의 단맛에는 미묘한 차이가 있다.

먼저, 한국에서 양념갈비찜을 반드는 과정을 살펴보자. 흔히 우리는 갈비 양념에 재운다고 한다. 집집마다 조금씩 다르지만, 양념갈비찜은 기본적으로 간장과 과일즙, 설탕을 넣은 양념에 갈비를 재워서 만든다. 시간을 두고 양념이 어우러진 단맛이 고기 깊숙이 배게 된다.

반면, 홍샤오러우를 만드는 방식은 조금 다르다. 홍샤오러우의 단맛을 내는 빙탕은 조리 과정에서 재우는 형태로 이용되지 않는다. 빙탕을 먼저 솥에 넣고 녹여서 졸아들면 식초와 소금 등으로 양념한 큼직한 육면체의 고기 덩이를 넣어 빙탕물에 살짝 코팅해 만든다. 그래서 처음 입에 넣었을 때는 단맛이 나지만 코팅된 빙탕은 금세 사라지고, 씹을수록 식초의 시큼한 맛이나 소금의 짠맛이 난다. 중국에는 이렇듯 단맛이 나는 요리도 단맛이 끝까지 유지되기보다는 입맛을 돋우는 정도로만 난다. 사실 중국에는 디저트를 빼고는 단맛이 끝까지 이어져 부담스럽게 느껴지는 요리가 거의 없다.

이런 호불호가 사실인지 의문이 든다면, 중국에서 고전을 면치 못하고 있는 유명 도넛 브랜드 K사와 M사의 사례를 보면 된다. 중국인은 표면에 백설탕 가루가 잔뜩 묻은 도넛은 먹기도 전에 '느끼할 것 같다'라는 선입견을 갖는다. 마치 한국인이 기름기로 반질반질한 중국 음식을 보기만 해도 느끼함을 느끼는 것과 같다. 만약 한국에서 유행하는, 설탕을 뿌린 핫도그가 중국에 진출한다면, 모르긴 몰라도 고전을 면키 어려울 것이다. 중국에서는 홍탕이 널리 애용되다 보니 백설탕에 대한 중국인의 인식 자체가 한국인보다 훨씬 '부정적'이다. 중국의 단맛은 순수하게 '달다'라는 느낌을 주기보다는 은은하게 요리에 달콤함을 더해주는 역할을 한다. 겉으로 드러나는 단맛보다는 이면에서 받쳐주는 단맛을 좋아한다고 할 수 있다.

짠맛

소금과 간장의 순수한 짠맛 vs 모든 맛을 받쳐주는 진한 짠맛

짠맛은 오미의 기본이다. 다른 맛에 비해 독특한 매력을 가지고 있지는 않지만, 모든 요리의 간을 받쳐주는 든든한 역할을 한다. 다른 말로 표현하면, 짠맛은 맛의 기둥이라고 할 수 있다. 짠맛이 없으면 신맛, 쓴맛, 단맛이 제대로 살아나지 않고 음식에 쉽게 질린다.

한국과 중국에서 짠맛을 내는 주재료는 소금과 간장이다. 두 나라 모두 소금과 간장을 이용해 간을 맞춘다. 짠맛에서만큼은 앞서 언급한 신맛이나 단맛처럼 재료에서 근본적인 차이가 나지 않는다. 그렇다고 해서 양국의 짠맛에 차이가 없는 것은 아니다. 두 국가의 짠맛 차이는 맛의 형태가 아니라 농도에서 온다. 대체적으로 한국인은 중국 음식의 간이 세다고 인식한다. 한국인이 자주 사용하는 관용적인 표현에 "중국 음식을 먹으면 물을 켠다"라는 말이 있을 정도다. 거꾸로, 중국인은 한국 음식을 먹을 때 밍밍하다고 느낀다.

이런 차이는 어디에서 오는 걸까?

'중국 음식' 하면 기름지다는 인식이 강하지만, 사실 짜기도 하다. 기름진 음식에 양념을 강하게 하는 요리문화가 주요 원인이다. 기본적으로 중국 음식은 한국 음식보다 식재료를 더 풍부하게 사용한다. 중국인은 짠맛을 낼 때 직접 첨가하는 소금과 간장뿐 아니라 음식에 사용하는 양념의 종류가 한국보다 다양하고 사용 빈도도 높아, 당연히 음식 간도 균형에 맞게 진해지는 것이다. 중국에서는 굴소스, 두반장, 샤차장, 톈멘장(甜面酱) 등 간이 센 양념을 음식에 자주 사용한다. 중국인 입장에서 소금과 간장만으로 간을 맞추는 한국 음식이 밍밍하게 느껴지는 이유가 여기에 있다. 극단적인 예로, 서울에서 자주 먹는 담백한 평양냉면이 중국인의 식탁에 오르면 소금과 간장, 식초 세례를 받을 게 뻔하다. 중국인의 입맛이 한국인보다 더 다양하고 복합적인 양념 맛을 더 선호하므로, 대체로 중국 음식은 '순수한 짠맛'이 강하다기보다는 다양한 양념 사용으로 인해 더 '농후한 맛'을 낸다. 즉, 간이 센 편이다. 단순하게 중국인이 간장과 소금의 짠맛을 더 선호한다는 것으로 생각하는 경우가 있는데, 이는 오해다.

중국 내부로 초점을 옮겨보자.

우리는 흔히 중국 북방 사람들은 짜게 먹고, 남방 사람들은 달게 먹는다고 말한다. 하지만 실제 중국의 지역 식당과 중국 각지의 가정식을 접해보면, 단순히 짜거나 짜지 않다는 이분법으로 나뉘지 않는다는 것을 느낀다. 그보다는 짠맛의 활용법에서 차이가 있음을 알 수 있다.

넓은 땅에서 지역별로 기후가 상이하고 식문화 또한 다양하게 발달한 탓에, 중국에서는 지역별로 선호되는 맛과 어우러져 짠맛의 독특한 활용법이 유래돼왔다. 상하이를 비롯한 화둥 지역에서는 짠맛이 단맛과 어울려 느끼함을 줄여주고, 광둥과 푸젠 중심의 화난 지역에서는 재료 본연의 신선한 맛을 더욱 살려 감칠맛이 강한 짠맛을 선호한다. 쓰촨과 화베이 지역에서는 매운맛과 짠맛을 조합해 중독성이 강한 맛을 만들어냈다. 가장 넓은 내륙 지방에서는 시큼한 절임 음식을 요리를 마무리하는 끝맛으로 활용한다.

'짠맛은 중국 음식의 영혼'이라는 표현이 있다. 앞서 설명한 대로, 중국에서 짠맛은 다른 맛과 함께 쓰이면서 그 맛의 개성을 북돋아준다. 중국의 다층적인 맛 표현 중에는 쏸셴(酸咸산함: 시고 짜고), 톈셴(甜咸첨함: 달고 짜고), 샹셴(香咸향함: 향기롭고 짜고), 셴라(咸辣함랄: 맵고 짜고), 셴셴(咸鲜함선: 감칠맛 나고 짜고) 등 짠맛이 들어가는 것이 많다. 이처럼 중국 음식에서 짠맛은 무대의 조연처럼 뒤를 받쳐주는 역할을 한다. 맛의 조연답게, 짠맛에 대한 기호는 중국 전역에서 보편적으로 나타난다.

그래서인지, 잘 생각해보면 짠맛을 대표하는 특정 지역 음식은 따로 없다. 중국에서 매운맛을 대표하는 지역이 어디냐고 길거리를 지나는 사람 아무나 붙잡고 물어도 쓰촨과 후난(湖南)이라는 답을 들을 수 있다. 마찬가지로 신맛 하면 산시(山西), 단맛 하면 저장(浙江), 장쑤 등 각 맛을 대표하는 지역이 있다. 하지만 짠맛은 대표 지역이 따로 없다. 다른 측면에서 보면, 중국인이 가장 보편적으로 찾는 맛이 짠맛이라는 것을 알 수 있다.

짠맛에 대한 중국인의 강한 선호도를 설명할 때 주식을 예로 드는 것이 좋다. 한국과 중국의 짠맛의 농도 차이는 주식에서부터 시작된다고 봐도 좋다. 한국인이 쌀밥을 주로 먹는 것과 달리 중국에는 쌀밥을 비롯해 밀가루를 이용한 만터우(馒头), 충요빙(葱油饼총유병: 파기름전), 라오빙(烙饼낙병: 중국식 팬케이크) 등 주식 종류가 많다. 밀가루로 만든 주식의 특징은 '퍽퍽함'이다. 짠맛은 입에 침이 고이게 해 이런 퍽퍽함을 해소하는 데 도움을 준다. 그래서 메인 요리와 사이드 요리의 소스가 짤 뿐 아니라 주식에 곁들여 먹는 장아찌 같은 음식도 발달했다. 이런 식습관이 자연스럽게 중국 음식의 염분 농도를 높이게 됐다.

중국 음식의 염분 농도가 높아지는 또 하나의 이유는 바로 기름이다. 중국 음식에서 기름의 활용도는 두말하면 입이 아플 정도다. 기름을 많이 쓰는 요리의 느끼함을 잡는 방법으로 중국인은 단맛과 신맛을 활용한다. 단맛과 신맛이 강해지면 짠맛 역시 균형을 맞추어 올라가야 한다. 소금을 직접 넣지 않더라도 톈몐장이나 더우반장(豆瓣酱두판장) 같은 소스를 범벅이 될 만큼 넣는다. 이런 식으로 조리를 하는 이유는 앞서 말한 대로 짠맛이 다른 맛을 받쳐주기 때문인데, 신맛이나 단맛의 농도에 맞춰 짠맛도 강하게 양념하는 것이다.

한국과 중국 모두 짠맛을 낼 때 사용하는 주재료는 소금과 간장이다. 중국의 경우 더우반장 등 소금이 많이 첨가된 양념의 종류가 다양하지만, 그래도 가장 기본이 되는 것은 소금과 간장이다. 간단히 양국의 재료 차이를 설명하자면, 먼저 가짓수를 들 수 있다.

중국의 간장 종류는 크게 성처우(生抽생추), 라오처우(老抽노추)로 나뉜다. 성처우 간장은 색이 연하지만 짠맛이 강하며 색상이나 맛이 한국의 국간장과 비슷하다. 라오처우는 성처우에 캐러멜 색소를 첨가해 색이 진하고 좀 더 묵직한 질감이지만, 짠맛은 오히려 덜하며 한국의 진간장보다 단맛이 강하다. 라오처우는 색이 진하다 보니 음식을 먹음직스럽게 보이도록 색을 입힐 때 유용하다. 우리가 잘 아는 둥포러우도 라오처우를 이용해 조리한다.

간장을 만드는 방법에서도 차이가 난다. 한국의 간장은 콩을 주원료로 만들지만, 중국의 간장은 찐 콩에 밀로 만든 누룩을 섞어 빚은 메주를 소금물에 넣고 자연 발효시켜 만든다. 그래서 더 걸쭉하고, 질감이 진한 특성이 있다. 한국의 간장이 짠맛 자체를 내는 데 충실하다면, 중국 간장은 짠맛 자체보다는 다른 맛과 어울리며 맛을 돋우는 역할을 한다. 또, 음식에 색을 입히는 기능도 담당해 홍샤오러우, 루주티(卤猪蹄노저제:

중국식 족발) 같은 요리에 활용한다. 굴소스나 더우반장, 톈몐장 같은 양념들도 대부분 짠맛을 베이스로 한 것이다. 굴소스는 주로 볶음밥이나 채소볶음에 많이 이용하고, 더우반장은 마포더우푸(麻婆豆腐마파두부), 톈몐장은 징장러우스(京酱肉丝경장육사), 카오야(烤鸭고압: 베이징덕)에 이용한다.

중국에는 염장을 한 요리가 많고, 종류도 다양하다. 옌차이(腌菜엄채: 절인 채소), 옌러우(腌肉엄육: 생햄) 또는 라러우(腊肉납육: 절인 고기)처럼 염장을 통해 염분을 섭취한 식문화가 오랜 역사를 자랑한다. 공자 역시 젓갈을 무척 즐겨 먹었다는 기록이 있다. 한국에도 김치와 장아찌 등 염장 음식이 많지만, 넓은 대륙에서 쏟아져 나오는 염장 식품의 종류는 헤아리기조차 어려울 정도다. 중국인은 넓은 영토라는 환경에 적응하기 위해 음식물 보존의 방법으로 염장을 해왔다. 냉장고가 보급된 현대에도 소금에 절인 음식은 일상생활에 널리 애용된다.

쓰촨 사람들은 파오차이(泡菜포채: 중국식 채소절임)를 오래전부터 담가왔고, 베이징 지하철역 근처에 늘어선 죽집에만 가봐도 중국의 염장 채소인 셴차이(咸菜함채), 자차이(榨菜자채: 쓰촨식 장아찌), 뤄보쓰(萝卜丝나복사: 무장아찌)를 죽에 얹어 먹는 사람들로 넘친다. 특히 대도시의 대형마트에 가면 류비쥐(六必

居육필거)라는 염장 식품 전문 매장이 대부분 입점해 있다. 지역별로 봐도 쓰촨 파오차이, 후난과 윈난(云南), 광둥, 구이저우의 옌러우, 둥베이 염장 배추, 쏸차이(酸菜산채), 쏸더우자오(酸豆角산두각) 등 전역에서 염장 식품을 즐긴다.

한중 간의 짠맛을 비교하면서 우리는 양국 맛의 공통점과 차이점을 또 하나 알게 된다. 공통점은 한중 모두 음식을 짜게 먹는다는 것이다. 2018년 기준 세계보건기구(WHO)의 1일 나트륨 권장섭취량은 2,000mg, 소금으로 따지면 약 5g이다. 한국인과 중국인의 1일 나트륨 섭취량은 모두 권장섭취량의 2배가 넘는다. 다만, 섭취 방식은 조금 다르다. 한국이 국, 찌개, 김치 등 염장 식품에 집중되어 있다면, 중국은 좀 더 보편적으로 짠맛의 농도가 높은 편이다.

이 지점에서 우리가 중국의 짠맛을 다룰 때 주의해야 할 점을 확인할 수 있다. 중국에서는 서로 다른 맛 사이에서 균형을 이루는 것이 중요하다는 사실이다. 즉, 한국의 짠맛을 국이나 찌개의 간을 맞추는 데 사용한다면, 중국의 짠맛은 더 폭넓게 나머지 맛을 받쳐주는 역할을 하며, 강도 역시 다른 맛에 맞춰 강해진다. 전체적으로 한국의 짠맛보다 중국의 짠맛이 세게 느껴지는 원인이 여기에 있다. 이런 특성을 이해해야

굴소스를 사용한 채소볶음

텐멘장을 사용한 고기볶음, 징장러우스

만 중국에 진출하려는 식품기업이나 요식업 관계자들이 중국에서 짠맛의 농도를 높일 때 단순히 소금이나 간장의 양만 덜컥 늘리는 우를 범하지 않는다. 짠맛을 강하게 하고 싶다면 단맛이나 신맛 같은 다른 맛의 농도도 함께 높여야 한다.

쓴맛
봄나물의 은은한 쓴맛 vs '음식도 약처럼' 식약동원의 쓴맛

오미 중 쓴맛은 세계적으로 별로 선호하는 맛이 아니다. 찾는 빈도도 가장 낮을뿐더러, 그마저도 기호에 따르기보다는 특정한 기능을 위해 찾는 경우가 많다. 한국에서도 쓴맛은 일상음식에서 자주 접하는 맛은 아니며, 그래서 보통 "쓴맛이 먹고 싶다"라는 표현을 일상에서 들을 일은 거의 없다.

하지만 중국에서는 상황이 조금 다르다. 쓴맛이 다른 맛에 비해 낮은 빈도로 사용된다는 점은 한국과 다르지 않지만, 쓴맛을 찾는 중국인은 자주 만날 수 있다. 그만큼 중국인의 쓴맛에 대한 선호도가 한국인보다 높다. 한중의 쓴맛에 대한 선호도 차이를 조금 더 깊이 들어가서 보면 양국 쓴맛의 차이가 보인다.

한국인은 병이 나서 쓴 약을 먹는 경우는 있지만, 대체로 쓴맛을 일상 속에서 즐기는 식습관은 없다. 물론 나이가 들어 미각이 무뎌지면 쓴맛에 민감도가 떨어져 쓴맛을 즐기게 되는 경향이 나타나기는 한다. 하지만 이를 모든 연령대에 적용하기는 어렵다. 반면, 중국에서는 쓴맛이 한국보다 비교적 대중적이고 식습관 역시 쓴맛에 관대하다.

쓴맛은 중국인의 생활 속에 깊이 자리하고 있다. 어느 식당에서나 먹을 수 있는 쿠과(苦瓜고과: 여주)볶음을 비롯해 오향(五香) 양념의 재료인 천피(陈皮진피), 심지어 봄이면 손에서 놓지 않는 녹차도 중국인이 일상 속에서 즐기는 쓴맛이다. 여기에 음식과 보양을 하나로 보는 식약동원의 식문화 DNA도 뿌리 깊게 박혀 있어, 중국인의 쓴맛 수용도는 한국인보다 훨씬 높다.

쓴맛 수용도에서 차이가 나는 데는 쓴맛 자체에 대한 중국인의 선호보다는, 쓴맛의 기능성에 대한 믿음이 형성한 식습관이 더 큰 영향을 끼친다. 중국인은 쓴맛이 열을 내려주고 소화기관을 건강하게 만들어준다고 믿는다. 몸이 아프면 중의(中医) 병원을 먼저 찾는 중국인들은 의학적으로도 쓴맛이 몸에 좋다고 생각한다. 실제 중의학에는 '다고미강세조습(多苦味

降泄燥濕)'이라는 용어가 있다. 즉, 쓴맛을 먹으면 몸의 열을 내릴 수 있고, 습기를 제거할 수 있다는 뜻이다.

양국 간 쓴맛을 섭취하는 식습관을 보면, 씀바귀나 쑥 같은 봄나물이나 루콜라, 쌈 채소의 하나인 치커리 등이 한국인이 섭취하는 쓴맛 식재료다. 사실 쓴맛이라기보다는 싱싱한 채소의 약간 쌉싸름한 맛이 더 맞는 표현이다. 한국인이 선호하는 쓴맛은 뒷맛이 오히려 상큼하며 살짝 단맛이 난다. 조금 더 강한 쓴맛의 예로는 건강을 위해 아주 가끔 마시는 칡즙이나 김치로 담가 먹는 고들빼기 정도가 있다. 반면, 중국인은 쓴맛의 식재료들을 양념으로 각종 요리에 넣거니와 개별 요리로도 즐겨 섭취한다.

한 예로, 중국의 대표적인 쓴맛 식재료인 쿠과를 들 수 있다. 한국에서는 여주라 부르는 쿠과는 겉모양은 오이처럼 기다랗고 주름이 많다. 주로 여름에서 늦가을까지 생산된다. 중국 전역에서 재배되고, 세계적으로도 열대와 온대 지역에서 널리 재배되는 흔한 식물이다. 맛은 쓰고 성질은 차다. 중의학에서는 청서제열(清暑除熱: 열을 내려주는), 명목해독(明目解毒: 눈을 밝게 하며 해독작용이 있는)의 효능이 있다고 한다. 중국에서는 여름철 가정집에서 생쿠과를 볶거나 탕으로 끓여 먹

중국인은 여름철에 쿠과를 생으로 볶아 먹거나
말려서 우려내 차로 마신다.

기도 하고, 말린 쿠과를 뜨거운 물에 우려내 차로 마시기도 한다. 열을 내려주기 때문에 쿠과는 량과(凉瓜)라고도 불린다. 실제 먹어보면 즐겨 먹을 만큼 맛이 있다고 할 수는 없다. 이렇게 쓰디쓴 쿠과를 먹는 이유는 쿠과의 효능이 필요해서다. 쿠과는 일상생활에서 예방의료 차원으로 가장 중요하게 여기는 상열(上火)을 다스리는 효능이 탁월하기 때문에, 기름기가 많아 칼로리가 높은 중국인의 식탁에 자주 오른다.

진피는 귤껍질 말린 것을 가리키는데, 은은한 귤 향과 함께 쌉쌀한 맛이 나는 것이 특징이다. 중국인들은 일상에서 입이 심심할 때 간식으로 먹거나 요리 재료로 사용한다. 때로는 디저트 재료로도 사용한다. 진피는 중국에서 주로 기름의 느끼한 맛이나 강한 단맛이 나는 요리에 함께 쓴다. 중국인들은 진피를 이용해 느끼하고 단맛으로 치우친 맛의 균형을 잡는다. 디저트는 보통 단맛이 나지만 중국인은 과도하게 단 요리를 피하는 식습관이 있어 디저트의 단맛에 쓴맛과 신맛이 나는 진피를 넣는 것이다.

진피를 이용한 대표적인 요리는 천피야(陈皮鸭: 진피오리)다. 오리를 먹기 좋게 손질해 각종 양념에 재워 10시간 숙성시킨 후 기름에 살짝 튀기는데, 튀겨진 오리를 접시에 담아 적당량의 진피와 함께 2시간 정도 찌면 진피의 쌉쌀한 맛이 오리에 스며들어 느끼한 맛을 잡아주고 동시에 진피 향이 은은하게 어우러져 오리 맛을 한층 끌어올린다.

진피로 만든 디저트로는 천피훙더우샤(陈皮红豆沙진피홍두사)가 있다. 만드는 방법은 매우 간단한데, 진피와 팥, 빙탕을 물과 함께 넣고 페이스트 형태가 될 때까지 끓이면 완성이다. 천피훙더우샤는 달고 부드러운 팥에 씁쓸한 진피 향이 더해진 은은한 단맛이 일품인 디저트다.

또, 진피는 약리작용의 관점에서도 소화·혈액 순환 촉진, 감기 예방·치료, 기침 완화에 좋다. 이런 기능적인 특징 때문에 약재로 주로 쓰이지만, 물에 끓여 차처럼 마시기도 하며 보이차를 우릴 때 진피를 함께 넣기도 한다.《본초강목》에는 진피가 메슥거림을 치료하는 효능[疗呕哕反胃嘈杂, 时吐清水]이 있다고 기록돼 있다.

진피는 잘 익은 귤의 껍질을 말리거나 저온에서 건조해 만든다. 건조한 지 3년 미만의 것은 궈피(果皮과피) 또는 간피(柑皮감피)라 부르며, 설탕으로 버무린 말린 귤껍질은 입이 심심할 때 군것질용으로 애용한다. 건조한 지 3년 이상 된 진피는 귀한 식재료나 약재로 쓴다. 중국에서는 흔히들 "한 냥의 진피가

진피를 주로 약재로 사용하는 한국과 달리,
중국에서는 요리와 디저트의 재료로 두루 쓴다.

한 냥의 금과 같고, 백 년 된 진피는 황금보다 귀하다(一两陈皮一两金, 百年陈皮胜黄金)"라고 한다.

정리해보면, 한국이나 중국 모두 쓴맛을 다른 오미에 비해 더 즐기거나 자주 사용하지는 않지만, 중국이 일상생활에서 비교적 더 자주 기능적 목적으로 쓴맛을 활용하고 있다.

중국 음식에서 쓴맛을 많이 사용한다고 해서 중국인이 쓴맛을 즐긴다는 뜻으로 오해해서는 안 된다. 중국에서 쓴맛을 쓰는 용도와 기능을 먼저 따져보고 거기에 알맞게 활용해야 한다는 것이 정답에 가깝다. 즉, 쓴맛을 효능상 필요에 의해 찾는 경우가 많다. 실제 중국에서는 쓴맛 외에도 기능적 목적으로 사용하는 식재료가 많다. 우리에게 익숙지 않은 맛들이 중국에 존재하는 이유도 이런 차이에서 기인한다.

한중 모두 맛보다는 기능성에 초점을 맞춰 쓴맛 나는 음식을 섭취하지만, 미묘한 차이가 있다. 한국에서 쓴맛 식재료는 음식과 약재 중 약재 쪽으로 치우쳐 있다. 반면, 중국인은 평소 기름기를 많이 섭취하는 일상식습관을 갖고 있기에, 음식과 약을 동일시하는 식약동원 사상의 영향으로 미리미리 쓴맛 재료와 요리를 챙겨 먹는 편이다. 따라서 이런 식습관 DNA를 중국인이 쓴맛을 잘 수용한다는 기호로 오인해 무턱

대고 음식에 쓴맛을 활용한다면 낭패를 보게 된다.

중국인이 선호하는 쓴맛을 잘 적용한 한국 음식의 예로 삼계탕을 들 수 있다. 중국 현지에서 운영하는 삼계탕 식당 중 씁쓸한 맛의 약재를 많이 추가해 '십전대보 삼계탕'처럼 보양 효과를 강조한 메뉴를 내는 가게들이 있다. 이름만 조금씩 다를 뿐 여느 삼계탕 식당에도 이런 메뉴가 꽤 있다. 이 메뉴들은 일반 삼계탕보다 조금 더 쓴맛을 첨가해 식약동원 사상을 믿는 중국인의 기호를 절묘하게 맞춘 경우다.

반대로, 아무런 기능적 효과 없이 무턱대고 쓴맛을 첨가했다가는 오히려 역효과가 날 수 있다. 따라서 중국인을 대상으로 쿠과나 진피 등 쓴맛 재료를 첨가해 새로운 요리나 신제품을 개발하는 것은 조심해야 한다. 특히 삼계탕 같은 보양음식이 아닌 기호식품에 쓴맛을 첨가할 때는 쓴맛 기호를 선택해야 할 이유를 전달하는 스토리텔링이 중요하다. 중국인이 여름철이면 달고 사는 왕라오지(王老吉왕로길)와 자둬바오(加多宝가다보) 같은 량차가 좋은 예다. 중국인들이 량차 음료의 쓴맛을 감내하는 이유는 단순하다. 쓴맛이 열을 내린다고 믿는 중의학적 지식이 량차의 쓴맛을 수용하게 만들어주는 것이다.

쓴맛을 중국 식품 시장에서 활용할 때 기억해야 할 부분은 딱 하나다. 고진감래(苦盡甘來)! 쓴맛이 지나가고 나면 뒤에 오는 단맛이 더 강하게 느껴진다. 쓴맛이 주인공으로서 도드라지는 역할을 하는 것이 아니라 조연으로서 다른 맛들을 받쳐준다는 생각을 항상 새겨야 한다. 오미 중 신맛과 단맛이 앞에서 선봉장 역할을 한다면, 쓴맛과 짠맛은 뒤를 든든히 받치면서 주인공을 돋보이게 하는 역할을 하는 것이다.

매운맛
속까지 얼얼한 고추 맛 vs 입안이 얼얼한 마라 맛

오미 중 매운맛은 가장 자극적인 성격을 갖고 있다. 엄격히 말하면, 매운맛을 느끼는 것은 미각이 아니라 입안과 혀끝에서 열이 나는 감각이다. 그래서 매운맛은 신맛과 함께 식욕을 돋우는 데 많이 활용되는 맛이다.

매운맛에는 식욕을 돋우는 것과 더불어 한 가지 기능이 더 있다. 바로 스트레스를 해소해주는 적절한 자극이다. 최근 전 세계적으로 매운맛 열풍이 부는 것도 현대인이 받는 스트레스가 강해지는 것과 무관하지 않다. 실제로 스트레스로 인해 입맛이 없을 때 매운 음식을 먹으면 긴장을 풀리면서 입맛이 돌아온다. 땀을 뻘뻘 흘리며 눈물, 콧물 빼며 먹는 매운 음식은 세계적으로 마니아층을 두텁게 형성하고 있다.

매운 음식을 좋아하기로는 둘째가라면 서운한 한국과 중국의 매운맛에는 어떤 차이가 있을까? 최근 한중 간 많은 교류를 통해 양국의 매운 요리가 상대 국가에서 사랑을 받고 있어, 자칫 한중의 매운맛이 비슷하다고 착각할 수 있다. 하지만 양국의 매운맛에는 본질적으로 큰 차이가 있다. 한국과 중국에서 모두 매운맛의 주재료는 고추다. 고추라는 공통분모가 있지만, 고추의 종류와 조리법이 다르다는 점을 간과해서는 안된다. 우선, 한국과 중국의 음식은 고추의 쓰임새에서부터 큰 차이가 있다.

한국에서는 주로 고춧가루 형태로 고추를 사용한다. 이를 중국에서는 '마른 매운맛'이라 해서 간라(干辣간랄)라고 표현한다. 반면, 중국인은 고추의 매운맛을 기름에 입혀 먹는 '습한 매운맛'인 스라(湿辣습랄)를 즐긴다. 한국인이 속까지 매운맛을 선호한다면 중국은 입안에서만 뜨거운 매운맛을 선호하는 것이다. 한국인이 애용하는 고춧가루는 위장에 강한 자극을 주기 때문에 그 양이 많거나 먹는 사람의 몸 상태에 따라서는 속 쓰림을 유발할 수 있다. 입안에서 느끼는 매운맛에 익

훠궈의 매운맛을 내는 화자오

숙한 중국인은 목이 칼칼하고 더 나아가 속까지 쓰릴 정도의 매운맛은 즐기지 않는다.

중국에서는 고춧가루 대신 기름에 고추를 볶아 매운 향을 입힌 홍유(红油)나 중국 쓰촨 지역에서 나는 화자오(花椒화초), 마자오(麻椒마초)를 매운맛의 재료로 사용한다. 홍유는 고추를 기름에 튀기듯 볶아내 진한 고추 향과 매운맛을 낸다. 중국인은 이렇게 볶아낸 고추기름을 무침 요리와 볶음 요리에 식용유 대신 사용한다. 한국에서도 유행하고 있는 훠궈(火锅화과)의 붉은색 국물이 바로 홍유를 이용해 만든 홍탕이다.

또 다른 중국 특유의 매운맛은 이름 그대로 입안이 마비될 것 같은 마라(麻辣)다. 마라의 주재료는 고추와 함께 화자오와 마자오다. 앞서 설명한 홍탕에 매콤한 맛을 내는, 알이 대롱대롱 달려 있는 화자오와 마자오를 첨가하면 우리에게도 익숙한 마라 맛이 된다.

마라 맛에 빠질 수 없는 것이 화자오와 마자오다. 화자오와 마자오는 미묘한 차이가 있다. 한국에서도 흔한 음식이 된 훠궈 덕에 한국인도 이제 화자오와 마자오에 익숙해졌다. 다만, 정확하게 화자오와 마자오를 구분할 수 있는 사람은 드물다. 간단히 설명하면, 화자오는 훠궈 매운탕에 든 동글동글한 적

화자오에 비해 얼얼한 맛을 내는 마자오

갈색 열매이고, 마자오는 같은 모양에 짙은 녹색(건조되면 황갈색으로 변한다)을 띠고 있다. 두 가지 모두 얼얼한 맛과 매운맛이 나는데, 매운 향과 맛은 화자오가 강하고 얼얼한 맛(통각)의 강도는 마자오가 더 세다. 그런 연유로, 매운맛을 내는 음식의 향신료로는 얼얼함이 덜한 화자오가 보다 광범위하게 쓰인다. 화자오와 마자오에서 얼얼함을 내는 성분은 산쇼올(sanshool)이라는 향신 성분으로, 고추의 매운맛을 내는 캡사이신(capsaicin)과는 다른 성분이다.

중국의 매운맛 재료를 하나 더 추가하자면 더우반장을 들 수 있다. 중국인도 한국의 고추장처럼 양념장 형식으로 매운맛을 먹을 때가 있는데, 중국의 매운 양념장이 바로 더우반장이다. 팬에 살짝 볶아 하루 정도 물에 담갔다 쪄낸 누에콩을 신선한 홍고추와 섞어 햇빛 아래서 숙성시킨다. 만드는 과정도 한국의 '장'과 흡사하다. 조금 과장하면 중국식 고추장이라고 할 수 있다. 더우반장은 장맛이 진하고 매운맛은 묵직하니 무게감이 있다. 중국에서는 요리를 못하는 초보라도 더우반장만 넣으면 금세 요리 고수가 된다는 말이 있을 정도로 널리 애용한다. 우리가 익히 알고 있는 마포더우푸와 위샹러우쓰(鱼香肉丝어향육사) 같은 요리에도 더우반장이 들어간다.

마포더우푸의 매운맛을 책임지는 더우반장

앞서 설명한 대로, 중국인은 용출 방식으로 뽑아낸 매운맛을 즐긴다. 고추 같은 재료를 기름에 녹여 매운맛을 빼낸다. 고추를 비롯해 화자오, 마자오도 모두 이런 식으로 먹기 때문에 속까지 매운맛이 느껴지지는 않는다. 중국식 훠궈를 먹을 때 입은 엄청나게 매운데 한국의 매운 낙지볶음이나 매운 떡볶이를 먹었을 때와 달리 그다지 속이 쓰리지 않은 이유가 바로 여기에 있다. 반대로, 한국인은 매운맛 재료를 직접 섭취한다. 중국이 탕에 매운맛을 스미게 해 맛과 향을 내는 데 주안점을 둔다면, 한국은 탕에 매운맛을 완전히 녹일 뿐 아니라 국물을 마시기도 한다. 중국에 온 한국 관광객들이 훠궈를 먹으면서 매운 국물을 한국의 매운탕 국물처럼 마시는 경우가 가끔 있다. 이를 본 중국인들은 눈이 휘둥그레지게 마련이다. 양국의 식습관에서 오는 이런 차이를 잘 잡아내야 맛의 차이도 파악할 수 있다.

중국에서 매운맛의 성지로 불리는 쓰촨에 가면 이런 차이를 바로 느낄 수 있다. 한국의 매운맛 마니아들은 쓰촨을 찾을 때 한껏 기대에 부푼다. 삼시세끼 매운맛을 즐긴다는 쓰촨의 음식문화에 대한 환상 때문이다. 실제로 쓰촨에서는 아침에 매운 홍유를 넣은 중국식 만둣국 홍요우차오셔우(红油抄手

홍유초수), 매운 소스에 면을 비빈 단단멘(担担面담담면)을 먹고, 점심에는 고추기름에 생선을 푹 담가 매운맛이 듬뿍 배도록 한 수이주위(水煮鱼수자어)를 즐긴다. 또, 저녁과 야식은 맵고 얼얼한 훠궈인 마라훠궈(麻辣火锅)와 매운 소스가 스민 꼬치인 촨촨샹(串串香찬찬향)을 먹는다.

그런 까닭에 쓰촨에 갈 때 위장약까지 챙겨 가는 사람이 많은데, 재밌는 것은 저렇게 먹어도 우려와 달리 입안에서 느껴지는 매운맛에 비해 속이 아프거나 쓰린 느낌은 거의 없다는 점이다. 한국의 매운 찜닭, 무교동 낙지볶음을 먹었을 때 속까지 매운 것과는 사뭇 다른 느낌이다.

한중 간 매운맛의 차이점을 한마디로 정리하면, 한국의 매운맛은 위장 속까지 관통하는 통쾌하게 매운 맛이고, 중국의 매운맛은 입안에서 얼얼하게 매운 맛이다. 따라서 고춧가루같이 분말 형태의 매운 식재료는 중국에서 잘 쓰지 않는다. 매운맛을 간접 섭취하는 중국인에게는 한국인이 선호하는 고추장과 고춧가루를 활용한 요리는 매운 재료의 섭취량이 많아 위장장애 등을 쉽게 유발할 수 있기 때문이다. 중국에서 매운맛을 다룰 때는 앞서 언급한 대로 입안에서 매운 맛과 속까지 얼얼하게 매운 맛의 차이를 꼭 알아두어야 한다.

일곱 가지 복합 맛

한중 간 맛 차이의 근본은 오미에서 시작되지만, 겉으로 가장 두드러지게 드러나는 차이는 복합적인 맛에 대한 기호다. 앞서 한중 간 오미의 차이, 각각의 음식에서 사용되는 주재료와 사용례까지 살펴봄으로써 낯설게만 느껴지던 중국의 맛을 조금 엿볼 수 있었다. 하지만 진정으로 중국의 맛을 이해하려면 맛의 혼합을 통해 균형과 조화를 끌어내는 중국인의 식습관을 이해해야 한다.

두 가지 이상의 맛을 섞어 혼합된 맛을 즐기는 식문화는 당연히 한국에도 존재한다. 다만, 한국과 중국에서 맛을 혼합하는 방식과 추구하는 맛에는 큰 차이가 있다. 우리가 흔히 중국 음식에 거부감을 느끼거나 독특함을 느끼는 부분이 바로 혼합된 맛이다. 중국 입장에서 보면 한국과 미묘한 차이가 있는 오미, 기름을 많이 쓰는 조리법, 또 기름기 많은 음식의 소화를 촉진하려고 사용하는 향신료, 다양한 식재료에 걸맞은 다양한 조리법 등이 양국 간 맛의 간극을 만든다. 반대로, 이 간극을 제대로 이해한다면 중국의 맛을 비로소 온전히 알게 된다.

중국이 추구하는 복합적인 맛을 이해하기 위해 한 가지 비유를 들어보자. 중국의 맛을 하나의 일품요리라고 상상해보면, 오미 각각은 이 요리의 식재료에 해당된다. 우리가 요리를 만들 때 특정 재료만 넣고 만들지 않듯, 중국인은 각각의 맛을 여러 방식으로 조화롭고 균형 잡히게 혼합해 하나의 요리, 즉 맛을 만들어낸다. 이렇게 혼합된 맛은 한국인에겐 익숙지 않다. 식재료에 해당하는 오미 자체의 양국 간 차이가 첫 번째 이유이고, 한국보다 더 광범위하게 기름을 사용하는 식문화가 두 번째 원인이다.

중국의 맛에서 기름의 영향력은 상상외로 크다. 기름을 쓰지 않는 요리의 수가 더 적을 정도다. 사용하는 기름의 종류도 한국보다 훨씬 다양하며, 맛에 끼치는 영향도 크다. 한국에서는 콩기름과 옥수수기름이 가장 대표적인 식용유다. 반면, 중국에서 많이 쓰는 식용유는 땅콩기름, 콩기름, 옥수수기름을 비롯해 유채씨유, 산차유, 해바라기유, 고추기름 등 지역별로 요리에 특화된 기름이 다양하다.

이렇게 중국 음식의 기본이 되는 기름은 요리에 쓰인 여러 맛이 서로 잘 섞이게 하는 매개 역할을 하는데, 오미 각각이 톡톡 튀기보다는 잘 혼합되게 만들어준다. 기름으로 인해 여러 가지 맛이 부드럽게 어우러지면서 한국의 혼합된 맛과의 차이를 만든다. 게다가 기름이 많이 들어간 음식의 소화를 돕기 위해 오향으로 대표되는 향신료를 첨가하면서 한국인에게 더욱 낯선 복합적인 맛을 보이게 된다.

중국의 복합적인 맛을 이해하는 데 도움을 줄 일곱 가지 대표적인 복합 맛과 중국 요리에서 약방의 감초처럼 자주 쓰이는 오향은 다음 장의 '향신료와 양념의 차이' 편에서 별도로 자세하게 다루고, 여기서는 간단하게만 소개하겠다.

일곱 가지 복합 맛은 주로 앞에서 이끌어주는 역할을 하는 신맛, 매운맛, 단맛을 중심으로 나뉜다. 먼저 신맛이 주가 되는 쏸톈(酸甜), 쏸셴(酸咸), 쏸라(酸辣)가 있고, 매운맛이 주가 되는 마라(麻辣), 샹라(香辣)가 있으며, 단맛이 주가 되는 톈셴(甜咸), 톈라(甜辣)가 있다. 한중 간의 복합적인 맛을 직접 비교하기는 어렵지만, 생소한 복합적인 맛의 이해를 돕기 위해 〈표 1〉을 참고하자.

이 표를 참고하면, 어려운 중국 요리 이름을 이해하지 못하더라도 한중 간 혼합 맛의 대략적인 차이점을 쉽게 발견할 수 있다. 맛의 결합 형태는 유사하지만 주요 재료가 다르기 때문에, 실제로 맛을 보면 혀끝에서 느끼는 맛감각의 차이는 크다. 즉, 머리로 생각했을 때 언뜻 비슷할 것 같은 맛이지만, 실제

표 1 중국의 복합 맛 종류와 한중 요리 사례 비교

중국 복합 맛 7종류	맛의 특징	중국 요리 (주요 맛 재료)	유사 성향의 한국 요리 (주요 맛 재료)
쏸톈(酸甜)	시큼하고 달달한 맛	탕추리지糖醋里脊 (진초+설탕+토마토케첩)	탕수육 (설탕 및 식초)
쏸셴(酸咸)	시큼하고 짭짤한 맛	토마토달걀볶음 西红柿炒鸡蛋 (익은 토마토+소금)	김치찌개 (발효된 김치+설탕)
톈라(甜辣)	달콤하고 매콤한 맛	양념오리목鸭脖 (노초간장+고추+빙탕)	양념치킨, 떡볶이 (고추장, 설탕)
샹라(香辣)	진한 고추기름 향	마포더우푸麻婆豆腐, 수이주위水煮鱼 (더우반장+고추기름)	매운 오징어볶음 (매운 고추, 설탕)
톈셴(甜咸)	달달하고 짭짤한 맛	훙샤오러우红烧肉 (노초간장+빙탕)	찜닭, 장조림 (간장, 설탕)
쏸라(酸辣)	시큼하고 매콤한 맛	쏸라펀酸辣粉 (진초+생초간장)	비빔면, 초무침 (고추장, 식초, 설탕)
마라(麻辣)	입안이 얼얼한 맛	마라샹궈麻辣香锅, 마라탕麻辣烫 (화자오+마자오+고추기름)	없음

로 맛을 보면 각각 맛을 내는 재료 차이로 인해 익숙지 않은 맛으로 느껴지는 것이다.

한중 간 복합적인 맛의 차이를 내는 또 한 가지 기준은 맛을 구성하는 개별 맛이 독립적인 캐릭터를 갖고 있는지 여부다. 한국의 복합적인 맛은 두 가지 이상의 맛이 각각 독립적으로 미각을 자극한다. 예를 들면, 시큼하고 매콤한 쏸라와 비슷한 조합을 가진 한국의 대표적인 음식은 초무침이나 비빔면이다. 비빔면은 식초와 김치류의 새콤함이 특색이면서 고추장의 매운맛도 독립적으로 혀를 자극한다. 신맛과 매운맛이 각각 톡톡 튀는 개성을 뽐내며 뱃속까지 그 특성을 유지한다. 반면, 중국에서 쏸라 맛을 내는 대표적인 요리는 쏸라펀이다. 쏸라펀을 먹어보면 시큼함과 매콤함이 함께 느껴진다. 하지만 한국 비빔면이나 초무침과 달리 개별적으로 맛이 톡톡 튀거나 입안과 위에 자극을 주지는 않는다. 두부피, 버섯 등의 재료를 파기름에 볶아내 식초의 신맛과 후추의 매운맛이 기름기가 밴 재료와 자연스럽게 어우러진 맛으로 나타난다. 한국인의 입맛으로 표현하자면 다소 부드럽게 각각의 맛이 서로 어울려 맛이 느껴지는 것이다. 굳이 문자로 표현하자면, 한국의 쏸라가 '새콤+매콤'이라면 중국의 쏸라에는 새콤과 매콤과는 전혀 별개로 구분되는, 쏸라 그 자체의 맛이 있다.

중국의 복합적인 맛 중 한국에 비교할 만한 요리가 없고, 따라서 한국인이 이해하기 난해한 것이 바로 마라 맛이다.

이 조합은 재료부터 맛의 속성까지 한국에는 비교할 대상이 없다. 다만, 매운맛의 속성은 갖고 있으되 속을 자극하지 않고 입이 얼얼하게 하는 특징이 매력적이어서 청양고추의 얼얼함을 좋아하는 한국인 입맛에 잘 맞아떨어진다. 최근 한국에서 '마라 열풍'이 불 수 있었던 이유가 여기에 있다. 마라 맛 역시 내용을 들여다보면 기름의 역할이 크다. 고추기름으로 매운맛의 풍미를 끌어올리고, 화자오를 넣어 기름기의 느끼함을 없애주면서, 마자오와 함께 마라 맛의 고유 특색인 입안이 얼얼해지게 하는 맛으로, 먹는 즐거움을 더한다.

이렇듯, 중국의 복합 맛은 맛의 조화로서만 이해될 수 있는 영역이 아니다. 다양한 재료의 풍미를 돋우기 위해 지역별로 다양한 기름을 사용하고, 기름기의 부작용을 줄이기 위해 향신료를 첨가하는 것이 중국의 복합 맛과 한국의 복합 맛의 차이를 만드는 큰 틀이다. 이런 큰 틀에서 한중 간 미각의 차이가 발생하는 첫 번째 이유를 정리할 수 있다. 다음 장에서는 불의 세기와 칼질로 대표되는 다양한 중국의 조리법과 특색 있는 향신료와 양념이 어떻게 한중 간 맛의 간극을 벌리는지 살펴보자.

조리법과 생활방식, 중국의 식문화

'손맛 vs 칼맛'
한국과 중국 조리법과 맛의 차이

오미에서 드러나는 한중 간 맛 차이는 맛을 내는 재료와 환경, 역사적인 배경을 바탕으로 형성됐다. 오미는 양국의 근원적인 맛 차이를 내는 요소이기도 하고, 한국인과 중국인의 맛에 대한 선호도를 결정하는 원인이기도 하다. 같은 오미라 해도 한중이 느끼는 맛에는 차이가 있으며, 또 좋아하는 맛의 결 역시 다르다.

하지만 오미의 차이가 양국의 맛 차이를 결정하는 전부는 아니다. 근본적인 맛의 차이 외에도 한중의 맛을 가르는 요소는 다양하다. 그중 가장 대표적인 것이 양국의 조리법 차이이다. 맛의 차이를 내는 조리법은 크게 세 가지, 즉 불의 세기, 칼질, 양념 사용법이다.

먼저, 한국과 중국의 조리법에서 가장 확연하게 차이 나는 것은 불의 세기다. 중국 음식은 식재료를 볶거나 데칠 때 강한 화력으로 만든 센 불에서 짧은 시간 조리해내는 특징이 있다. 이는 한국 음식에서는 자주 쓰이지 않는 방법이다. 이런 식으로 조리하면 요리 결과물이 겉은 익고 속은 신선한 상태를 유지하게 된다. 대표적으로 양국의 감자볶음을 비교해보면 불의 세기가 맛에 어떤 차이를 만들어내는지 쉽게 알 수 있다. 중국의 감자볶음은 가늘게 채 썬 감자를 짧은 시간 동안 센 불에 기름과 함께 볶아낸다. 이렇게 조리하면 겉은 익고 안은 심지가 남아 아삭한 식감을 갖게 된다. 반대로 한국의 감자볶음은 중간불로 겉과 속을 충분히 익히며 오래 볶아낸다.

같은 양의 양념을 사용해도 두 요리는 서로 다른 맛을 낸다. 중국식 감자볶음이 아삭아삭한 식감에 양념이 기름과 버무려져 맛을 낸다면, 한국식 감자볶음은 감자가 충분히 익으면서 단맛이 올라와 더 감칠맛이 난다. 재료의 신선도와 본연의 맛을 살린다는 관점에서는 중국식 감자볶음이 앞서지만, 반대로 오랜 시간 가열된 감자가 내는 단맛은 한국식 감자볶음이 뛰어나다.

칼을 사용하는 방식도 한중 간 맛 차이를 만들어낸다. 중국에서는 칼질을 매우 중요시한다. 주로 짧은 시간 조리하는 요리가 많고 기름을 사용하기 때문에, 재료에 양념이 잘 배게 하려면 칼집이 섬세하게 들어가야 한다. 중국 음식이 한국 음식보다 간이 세게 느껴지는 이유도 칼질의 영향으로, 양념이 재료 속까지 깊이 배어들기 때문이다. 특히 중국에서는 생선을 요리할 때 한국보다 칼집을 깊고 꼼꼼하게 낸다. 이 때문에 한국의 갈치구이나 갈치조림 같은 생선 요리와 비교할 때 중국의 생선 요리는 짧은 시간 조리해도 양념이 깊숙이 배게 된다.

중국 요리가 칼맛이라면 한국 요리는 손맛이다. 한국 요리는 나물처럼 버무리거나, 재료를 양념에 장시간 재우거나, 김치같이 염장한 뒤 양념을 버무려 손맛으로 맛을 낸다. 반면, 중국 요리는 조리 시간이 짧은 볶음 요리가 많고 다양한 식재료를 이용하기 때문에 칼질이 맛의 승패를 가른다.

양국의 양념 사용법도 맛의 차이를 불러오는 주요한 요인

작은 덩어리로 닭고기를 잘라 요리한 궁바오지딩

이다. 중국에서 사용하는 양념은 우선 가짓수가 많다. 한국에서는 주로 파, 마늘, 생강, 양파 등을 사용해 고기와 생선의 잡내를 잡고 풍미를 올린다. 중국에서는 기름을 많이 사용하는 조리법의 영향으로 단순히 잡내 제거와 풍미를 올리는 것 외에 기능적인 측면에서 양념을 사용하기도 한다. 기름기로부터 위장을 보호하고, 기름기 많은 음식의 소화를 촉진하기 위해 양념을 사용하는 것이다. 대표적으로 오향이 중국에서 쓰이는 양념이다.

이런 맛의 차이는 조리 도구와 조리 방식을 표현하는 용어에서도 차이를 만든다. 칼질을 중시하는 중국은 대표적인 요리 이름에 칼질의 특징이 담긴 표현을 집어넣는 일이 흔하다. 예를 들면 궁바오지딩(宫保鸡丁궁보계정), 위샹러우쓰는 재료를 어떤 식으로 잘랐는지를 요리 이름에 넣었다. 궁바오지딩의 '딩(丁)'은 작은 덩어리로 닭고기를 자른 모습을 표현하고, 위샹러우쓰의 '쓰(丝)'는 고기를 가늘게 채 썬 것을 가리킨다.

반면, 불을 길게 사용하는 한국은 "센 불에서 팔팔 끓여라", "중불에서 익혀라", "약불에서 고아라"처럼 지시하는 조리법 표현이 많다. 한국이 중국보다 찜 요리나 탕 요리가 발달한 것도 불의 세기 차이에서 온 것으로 볼 수 있다.

센 불에서 볶아내기에 적합한 중국 특유의 조리 도구, 웍

볶음 요리가 주를 이루는 중국 음식에서는 조리 도구 역시 웍이나 바닥이 깊은 냄비를 많이 사용한다. 웍은 볶음 요리와 조림 요리를 할 때 사용하고, 바닥이 깊은 냄비는 탕을 끓일 때 사용한다. 한국은 국을 끓일 때나 찜, 탕 요리를 할 때 넓고 바닥이 깊지 않은 냄비를 사용한다. 중국은 기름을 많이 사용하기 때문에 바닥이 깊은 웍이나 냄비를 주로 사용하지만, 한국은 곰탕같이 대량의 음식을 장시간 조리하는 경우가 아니면 찜과 찌개, 탕 모두 굳이 바닥이 깊은 조리 도구를 사용할 필요가 없다. 이렇듯 한국의 중국의 조리법에서 오는 차이 역시 양국 간 맛 차이에 큰 영향을 주는 요소다.

커우간(口感)과 식감의 차이

한중 간 식감에 대한 인식 차이를 설명할 때 가장 많이 드는 예가 시리얼과 피자다. 생뚱맞게 들릴지 모르지만, 이 두 가지 음식을 통해 중국인이 식감을 어떻게 인식하는지 가장 쉽고 빠르게 이해할 수 있다.

먼저, 중국인은 식감을 '커우간(口感)'이라 표현한다. 표현에 쓰이는 한자의 차이만큼 실제 인식의 차이도 분명하다. 1장에서 언급했듯이, 중국은 식감을 '맛'의 요소에서 따로 떼어 인식하지 않고 '입안에서 느껴지는 감각', 즉 맛과 직결되는 요소로 파악한다. 그래서 식감에 대한 거부감이 들면 그 음식의 전체적인 맛도 별로라고 생각한다.

중국인이 선호하는 식감을 이해하려면 먼저 중국인이 거부감을 갖는 식감이 무엇인지 이해해야 한다. 중국인은 치아 사이에서 이물감을 느끼게 하는 식감을 그다지 선호하지 않는다. 한마디로, 딱딱하거나 질긴 식감에 대한 거부감이 크다. 목이 메는 드라이한 식감에 특히 취약하며, 이런 특징은 기름으로 튀기는 조리법의 발달로 이어졌다. 밀가루 반죽을 기름에 튀긴 요타오(油条유조)를, 불린 콩을 갈아서 끓인 더우장(豆浆: 한국의 두유와 비슷)에 찍어 먹거나 죽에 담가 먹는 식습관도 이러한 특징에서 기인한다. 물론 딱딱한 해바라기씨를 습관적으로 까먹기도 하지만, 이는 견과류 특유의 성질이기 때문에 예외로 봐야 한다. 이런 특수한 경우를 제외하고는 대체적으로 중국인은 입안을 질감 면에서 자극하는 딱딱한 식감

중국인이 좋아하는 요탸오, 싫어하는 시리얼

에 거부감이 강하다.

그 대표적인 예가 바로 시리얼과 피자다. 초창기 피자가 중국에 진출했을 때 가장 골머리를 앓았던 것이 피자 도우(dough) 가장자리의 빵만 남는 부분이었다. 지금이야 치즈 크러스트와 고구마 페이스트를 두르는 등 여러 대안이 나와 이런 거부감을 줄였지만, 이전에는 그렇지 못했다. 2000년대 초 중국에도 각국의 피자 프랜차이즈들이 속속 들어왔다. 이들이 하나같이 큰 성공을 거두지 못한 것은 이 피자 가장자리 때문이었다. 이에 대한 타결책은 의외로 간단했다. 피자를 서빙할 때 끝부분에 발라 먹을 토마토케첩을 제공하는 것이었다. 이게 무슨 해결책인가 생각할 수 있지만, 당시만 해도 중국인은 피자 알맹이를 먹고 남은 이 부분에 토마토케첩을 뿌려 먹었다. 당시에는 중국인이 케첩을 좋아하기 때문에 이런 현상(?)이 일어난다는 의견이 많았다. 하지만 이 현상의 원인은 바로 식감에 있었다. 한국인 역시 피자 가장자리에 대한 불호를 타개하려고 치즈, 고구마, 감자 등을 동원했다. 한국인의 불호는 토핑이 없는 부분의 밍밍함 때문이었다. 그러나 중국인은 피자 도우 가장자리가 주는 식감에 거부감을 느낀 것이다. 따라서 이 부분에 케첩을 뿌려 입안에서 느껴지는 빽빽함을 해소해 불호를 타개했다.

이런 현상은 바게트 빵에서도 잘 나타난다. 중국 제과점을 가면 바게트 판매량이 매우 저조하다. 중국인이 느끼기에 바게트는 목 넘김이 너무 뻑뻑하고, 만든 지 오래된 바게트는 딱딱해져서 선뜻 손이 가지 않게 된다. 최근에 크림치즈나 각종 잼, 꿀 등을 곁들인 바게트가 나오면서 이런 현상이 줄었지만, 여전히 중국인은 바게트의 딱딱한 식감에 대한 거부감이 강하다. 중국에서 호텔 조식을 먹는다면 제빵 코너를 유심히 관찰해보길 바란다. 중국 호텔의 조식 코너 중 가장 인기 없는 곳이 바로 바게트가 놓여 있는 코너다. 특히 중국식 튀긴 빵인 요탸오와 더우장이 놓인 중식 코너가 늘 인파로 북적이는 것과 비교하면 중국인의 호불호가 극명하게 드러난다.

시리얼도 이와 비슷한 이유로 중국에서 고전을 면치 못하고 있다. 전 세계적 식품기업인 K사가 유일하게 점령하지 못한 아침 시장이 바로 중국이라는 말이 있다. 여러 분석이 이뤄졌지만, 중국 식품업계에서 내린 결론은 바로 식감이다. 시리얼은 태생적으로 '딱딱한' 식감을 갖고 있다. 우유에 말아 먹는 시리얼은 당연히 딱딱한 건조 상태로 시장에 나온다. 문제는 이 식감을 중국인이 선호하지 않는다는 것이다. 거기에 차가운 우유에 말아 먹어야 하는 시리얼은 졸음을 쫓고 눈을 겨우 비비고 일어난 중국인에게는 거의 고문에 가까운 아침 식사로 느껴질 수 있다.

물론, 중국에 해외유학 열풍이 불고 젊은 사람의 생활방식이 변화하면서 시리얼 식감에 대한 거부감은 점차 줄어들고 있다. 하지만 오랜 세월 중국인의 식습관 DNA에 새겨진 식감에 대한 기억은 식품 시장에 한동안은 남아 있을 것이다. 이런 점을 고려하면, 중국 식품 시장에 진출하려는 간식류나 육포류 기업들은 주의를 기울일 필요가 있다. 스낵류의 경우 과도하게 식감이 딱딱한 것보다는 어느 정도 부드러운 쪽을 택하는 것이 좋다. 한국에서는 바삭한 식감의 간식류에 큰 거부감이 없고 오히려 선호하는 경우가 많지만, 중국에서는 적용되지 않는다. 육포의 경우도, 한국에서 판매되는 육포가 대부분 딱딱한 식감을 갖고 있는 것과 달리 중국에서는 부드러운 식감의 육포를 선호한다. 중국에서 인기 있는 비첸향(美珍香) 육포뿐 아니라 주택 단지 인근에 많이 들어선 작은 육포 상점에서도 덩어리가 조금 클지언정 식감은 부드러운 것들이 인기가 있다.

이러한 예들은 중국의 맛에서 식감, 아니 커우간이 차지하는 위치가 어느 정도인지 잘 알려주는 사례다. 즉, 중국인의 입맛을 사로잡으려면 음식 자체의 맛 못지않게 식감에 대한 민감한 접근이 필요한 것이다.

생활방식에서 오는 한국과 중국의 맛 차이

너무나 당연한 말이겠지만, 한중 간 생활방식의 차이에 의해서도 맛에 대한 선호가 달라진다. 간단한 예로, 중국에서는 차가운 음식이나 물을 먹지 않는다. 이에 관해서는 오래전부터 물을 끓여 마시는 식습관이 있었던 중국의 관습이 지금까지 이어져 내려왔다는 설부터, 생물학적으로 소화 기능이 약한 중국인의 신체 때문이라는 설명까지 다양한 이유가 붙었다. 무엇이 진실인지는 알 수 없지만, 오랜 기간 차가운 음식을 즐겨 먹지 않다 보니 찬 음식을 소화시키지 못하게 된 것이 아닐까 추측할 뿐이다.

또, 중국인은 아침을 간단히 밖에서 사 먹고 때우는 문화가 있는 반면, 저녁은 거하게 먹는다. 이런 특징까지 포함해, 중국인의 생활방식에서 유래된 맛에 대한 선호도 중국 식품 시장에 진출할 때 고려해야 하는 중요한 요소다. 중국인이 좋아하는 한국 음식과 싫어하는 한국 음식을 비교해보면 이런 생활방식에서 오는 간극이 잘 느껴진다.

중국인이 좋아하는 한국 음식으로는 불고기, 삼겹살, 비빔밥, 부대찌개, 감자탕, 찜닭, 삼계탕, 육개장 등을 꼽을 수 있다. 음식의 이름만 놓고 보면 도대체 공통점을 찾아볼 수가 없다. 반대로 선호하지 않는 음식으로는 한국식 죽, 김치찌개, 된장찌개, 게장, 육회, 나물무침, 김밥 등을 꼽을 수 있다. 선호하지 않은 음식을 추가하고 보면 혼란은 더욱 가중된다. 이런 음식을 왜 선호하는지 혹은 왜 선호하지 않는지, 조금 더 깊게 들어가보자.

먼저, 직화구이류에 대한 선호는 육식을 사랑하는 중국인의 기호가 잘 반영된 결과다. 차츰 나아지고 있지만, 날것에 대한 거부감이 강한 중국인에게 한국식 직화구이는 선호하지 않을 이유가 없는 음식이다. 날것으로 먹는 육회나 육사시미를 선호하지 않는 것도 이런 맥락에서 이해할 수 있다.

다음으로 주목해봐야 할 것은 부대찌개, 감자당, 찜닭 같은 일품요리다. 이런 음식은 현대 중국에서 소비자들이 선호하는 품목이다. 바쁜 현대생활에서 중국 전통식으로 코스에 맞춰 끊임없이 나오는 음식으로 식사하기란 쉽지 않은 일이다. 중국의 20~40대 연령층은 이런 호사와 여유를 누리기가 더더욱 쉽지 않다. 그렇다고 점심이나 저녁 메뉴로 늘 간편식만 먹기에도 아쉬운 것이 사실이다. 그래서 외식으로 선택하는 한식 중에서 이런 푸짐한 메뉴에 대한 선호가 강하다. 부대찌개나 찜닭, 감자탕처럼 얼마든지 부재료를 추가할 수 있는 메뉴는 특히 환영받는다. 이는 바쁜 현대 중국인이 푸짐함과 간편함 사이에서 찾은 타협점이라고 할 수 있다.

반대로, 한국식 고급 죽이나 평양냉면 같은 메뉴는 그다지 선호의 대상이 아니다. 중국인이 인식하는 죽은 말 그대로 아침을 간단히 때울 때 먹는 음식이다. 빈속으로 출근이나 등교를 할 수는 없고 너무 과한 음식을 먹기도 어려울 때 선택하는 메뉴인 셈이다. 그렇기 때문에 한국에서 파는 고급 죽에 대한 인식이 좋을 수가 없다. 아무리 트러플이나 전복, 해삼 등을 넣어도 한 그릇에 1만 원이 훨씬 넘는 돈을 주고 죽을 사 먹을 수는 없다는 뜻이다. 특히나 점심, 저녁 메뉴로 굳이 죽을 선택할 이유는 더더욱 없다.

같은 이유로, 한 그릇에 평균 1만 5,000원에 달하는 평양냉면은 중국인으로서는 도저히 이해할 수 없는 음식이다. 이는 중국인이 평양냉면 자체의 맛을 싫어한다는 의미는 이니며, 중국인의 생활방식에서 면 요리가 어떤 위치에 있는지를 봐야 비로소 원인을 알 수 있다. 중국에서 면 요리는 평균 1,000원에서 2,000원 사이의 저가 음식이다. 특히 대부분 면 요리는 한국에서처럼 후식이나 단품요리로 취급받는 것이 아니라 간식에 가깝거나 간단하게 요기를 하는 음식이어서 그렇다. 중국에서는 이런 요리를 '샤오츠(小吃소흘)'라 부른다. 중국은 자신을 면의 발상지라고 부를 만큼 '면부심'이 강한 국가이지만, 그들의 마음속에는 면 요리가 고가가 되어서는 안 된다는 마지노선이 자리 잡고 있다. 면을 즐겨 먹는 북방 지역에서도 면은 아침 간편식이나 늘 먹는 주식이라는 관념이 크다. 우리가 아무리 맛있다 한들 공깃밥이나 라면 한 그릇을 1만 원 넘게 주고 사 먹지 않는 이유와 같다고 할 수 있다.

게장과 활어회에 대한 중국인의 거부감도 양국의 생활방식 차이에서 오는 것이다. 중국인은 대부분의 재료를 기름에 볶거나 물에 익혀 먹는다. 여러 이유가 있겠지만, 깨끗한 물이 귀한 지리적인 특성과 먹거리 안전에 대한 사회적 신뢰도가 낮

중국인이 선호하는 한국 음식들

은 것이 가장 큰 이유다. 한국에서는 밥도둑으로 불리는 간장 게장이 중국에서는 그리 큰 인기를 끌지 못하는 이유도 여기에 있다. 물론 중국에도 비슷하게 장에 담근 해산물 음식이 있기는 하지만, 그리 대중적이지는 않다. 중국인이 느끼기에 게장은 날것에 가까운 데다 중국인은 바다생선의 비린 맛에 취약하다. 중국인에게는 고가의 게장을 사 먹을 이유가 없는 것이다. 활어회도 같은 맥락에서 중국인이 선호하지 않는다고 볼 수 있다. 중국에서 차츰 일식(日食)이 자리를 잡으면서 숙성회(선어회)에 대한 수요는 매년 늘고 있다. 다만 한국에서 즐기는 활어회에 대한 선호는 여전히 제자리걸음이다. 날것에 대한 거부감이 숙성 방식을 사용한 일식에는 조금 작게 작용하는 반면, 한국식 활어회에는 여전하기 때문이다.

한국식 나물무침 역시 중국인이 그다지 즐기지 않는 음식 중 하나다. 중국에서는 채소류를 주로 기름에 볶아 먹는데, 한국식 나물은 물에 데쳐 숨을 죽인 뒤 소금, 된장, 마늘 등 양념을 넣어 무치는 방식으로 조리된다. 나물무침이 중국인에게는 거의 날것처럼 느껴지는 이유가 여기에 있다. 늘 먹던 기름향이 느껴지지 않기 때문이다. 중국인에게 한국식 나물무침은 메인 식사 전에 먹는 에피타이저로 여겨진다.

중국인의 선호도에서 호불호가 갈리는 한국 음식들

한국인이 가장 즐겨 먹는 김밥 역시 이런 이유에서 중국인의 선호 대상이 아니다. 생김을 이용해 싸는 한국식 김밥은 중국인이 먹기에는 해초류의 비린 맛과 날것의 식감이 동시에 느껴지는 음식이다. 물론 김밥을 도저히 못 먹는다거나 강한 거부감을 느낀다는 것이 아니라, 사업적으로 프랜차이즈 식당을 진출시킬 만큼 중국인의 선호가 강하지 않다는 뜻이다. 중국 식품 시장에서 팔리는 김이 대부분 조미된 김이라는 점을 이해하면 이런 특징을 잘 이해할 수 있다.

우리는 식문화라는 말을 흔히 사용한다. 여기에는 우리가 중국의 맛을 이해하려면 그들의 역사적, 전통적 생활방식 또한 잘 이해해야 한다는 의미가 담겨 있다. 맛이란 음식 자체가 갖는 것이기도 하지만, 먹는 사람의 행위가 동반되는 것이기도 하다. 그렇기 때문에 우리는 생활방식을 이해하는 것에서부터 특정한 지역의 맛에 접근해야 한다.

향신료와 양념의 차이

중국 음식의 특징, 향신료

한국과 중국의 맛 차이가 뚜렷하게 드러나는 부분을 하나 꼽으라면 향신료를 들 수 있다. 중국 음식을 못 먹는 사람들에게 물어보면 "향에 적응이 안 된다"라고 말하는 경우가 많다. 한국인은 왜 중국 음식의 향에 이질감을 느끼는 것일까? 이유는 매우 간단하다. 중국 음식에는 한국에서 사용하는 향신료보다 훨씬 다양한 종류의 향신료를 사용한다. 중국 음식에서 흔히 보이는 화자오나 바자오(八角팔각) 같은 향신료 외에도 딩샹(丁香정향)이나 류더우커우(肉荳蔻육두구) 같은 향신료도 중국 음식에는 흔하게 들어간다. 한국인 입장에서는 생전처음 맛보는 향신료가 잔뜩 들어간 요리가 당연히 낯설고 입맛에 맞지 않을 것이다.

한국에서 자주 사용하는 향신료는 고추, 마늘, 대파, 양파, 생강 정도다. 대부분 매운맛과 향을 내는 데 사용하며, 각종 요리에서 풍미를 살리고 비린내와 느끼함을 잡아주는 역할을 한다. 중국도 같은 이치로 자주 쓰는 양념과 향신료가 있다. 다만 지역이 넓다 보니 향신료 종류가 훨씬 다양하다. 여기에, 기름기 많은 요리를 자주 먹는 식습관이 향신료 빌딜에 큰 영향을 끼쳤다.

중국인의 식습관에서 기름기는 빼놓을 수 없는 주제다. 깨끗한 물이 부족해서 식재료를 기름에 조리해 먹는다는 이야기와 기름기를 많이 먹어도 차를 많이 마셔 비만한 사람이 없다는 이야기는 누구나 한 번쯤 들어봤을 중국 식습관에 관한 통설이다. 실제로 중국에서는 음식을 만들 때 기름을 무척 많이 사용한다. 마트에 가면 식용유 코너에 3~5ℓ들이 식용유가 쭉 늘어서 있다. 마트에서 사람이 가장 많이 붐비는 곳도 식용유 코너다. 이 많은 식용유를 정말 찻잎 우린 물로 다 분해할 수 있을까?

사실 차가 기름을 분해한다는 이야기는 신화에 가깝다. 다이어트 차로 널리 알려진 보이차에는 지방 성분을 몸 밖으로 배출하는 '갈산(gallic acid)' 성분이 들어 있다. 갈산은 몸에 들어온 지방을 분해해 체내에 흡수되도록 하는 효소인 리파아제(lipase)의 활동을 막아 체내 지방이 쌓이는 것을 막는다. 문제는 중국인이 섭취하는 기름기를 모두 배출하려면 하루에 마셔야 하는 보이차 양이 어마어마하다는 것이다. 사람이 하마가 아닌 이상 음식을 먹을 때 차를 곁들여 마시는 것만으로 음식에 포함된 지방을 제거할 수 있다는 것은 어불성설이다. 또한, 차는 주로 식사와 함께 마시기보다 식사 중간이나 식후에 마시기 때문에 지방을 몸에서 배출하는 데 영향을 끼치기는 어렵다.

결론적으로 말해, 중국 음식의 지방 성분이 체내로 흡수되는 것을 막는 데는 보이차 같은 차보다는 향신료의 역할이 더 크다. 중국인들은 음식을 조리할 때 중의학에서 주로 소화 기능에 도움을 준다고 한 향신료를 첨가해 원천적으로 과도한 지방 흡수를 차단하는 것이다.

대표적인 중국의 향신료로는 오향으로 불리는 다섯 가지 향신료, 화자오, 팔각, 정향, 육계(계피), 진피가 있다. 이외에 최근 우리에게도 익숙한 양꼬치에 뿌려 먹는 쯔란(孜然자연), 쯔란과 같은 미나리과에 속하는 회향(茴香)의 씨앗열매인 소회향(小茴香), 살구씨인 행인(杏仁), 생강을 말린 건강(干姜), 생강의 일종인 양강(良姜) 정도가 중국인이 흔히 사용하는 향신료다. 한국인에게는 매우 생소한 육두구, 사인(砂仁), 백지(白芷), 목향(木香) 등도 중국인이 즐겨 사용하는 향신료다.

중국의 향신료는 한국보다 종류도 다양할뿐더러 특유의 향과 맛도 한국에서 즐겨 쓰는 향신료와 매우 다르다. 한국에서는 잡내를 잡거나 매운맛을 내려고 향신료를 첨가한다면, 중국에서는 맛도 맛이지만 대체로 소화 기능 향상에 도움을 주려고 향신료를 사용한다. 중국인은 기름기 많은 음식을 매일 먹다 보니 지방 성분의 과도한 체내 흡수를 막아주고 소화기 계통을 보호하는 것에 관한 연구가 한국보다 발달했다. 주로 향신료를 통해 이런 효과를 낸다. 앞서 언급한 식약동원의 식습관이 여기에도 적용된다.

실제로 중의학에서는 중국인이 즐겨 먹는 향신료를 약으로 사용한다. 주로 신장과 비장에 영향을 많이 끼치는 약재들이다. 신장과 비장은 체내 '습(濕)'을 다스리는 역할을 한다. 중의학에서 '습'은 지방간, 콜레스테롤, 기름기 등을 총칭한다. 중의학 원리는 식습관에도 그대로 적용된다. 예를 들면, 체내에 습이 많이 쌓이게 하는 훠궈 같은 요리에는 다양한 향신료를 혼합해 사용한다. 화자오와 팔각, 정향 등을 사용하는데, 중국인이 기름기가 아주 많은 훠궈를 먹고도 탈이 나지 않는 이유가 여기에 있다. 한마디로 말해, 요리에 약재를 넣어 함께 먹는 것이다.

또한, 음식과 어울리는 향신료를 가루 내서 후추처럼 뿌리거나 찍어 먹기도 한다. 양꼬치에 쯔란을 뿌려 먹는 것이 바로 이 경우다. 즉, 쯔란은 기름기가 많은 양고기를 먹을 때 맛을 북돋워주는 동시에 습을 제거하는 기능적인 역할도 한다. 쉽게 말해, 소화가 잘되게 도와준다.

최근 중국에서도 비만이 큰 사회 문제가 되고 있다. 특히 어린이의 소아비만은 큰 사회적 이슈로 떠올랐다. 서양식 패스트푸드가 중국인의 식탁에 오르면서 소아비만 문제가 심각해졌다. 기름기 흡수를 막아주는 각종 향신료가 들어 있는 중국 전통 음식 대신 서양식 메뉴를 선호하는 현상이 중국의 소아비만을 촉진하는 결과를 낳았다는 분석이 나온다. 차만 마셔서 체내 지방 흡수를 방지할 수 있다면 패스트푸드를 먹든 중국 전통 요리를 먹든 문제가 되지 않아야 한다. 단편적이지만, 이 사례를 보면 차보다는 음식 성분 자체가 비만에 끼치는 영향이 훨씬 더 커 보인다.

한국에도 중국의 향신료 사용법과 같은 용례가 있다. 한국에서는 생강, 계피를 제외하면 중국에서 자주 사용하는 향신료를 거의 사용하지 않는다. 대신 후춧가루를 곰탕 국물이나 스테이크에 뿌려 먹는데, 후추의 성질은 맵고 습을 빼주는 기

표 2 중국에서 자주 사용하는 향신료

오향	기타 향신료
화자오 팔각 소회향 계피 정향	육두구 사인 백지 목향

능이 있다. 계핏가루와 생강도 비슷한 기능이 있다. 대부분의 향신료는 한반도보다 위도가 낮은 곳에서 생산된다. 생육 환경이 적합하지도 않아 주로 수입에 의존하므로 가격이 비싸 자주 사용하기에는 경제적으로 부담이 된다. 또, 한국 음식은 중국 음식만큼 기름기가 많지 않기 때문에 습을 빼주는 다양한 향신료를 쓸 필요성 또한 적다.

이렇듯, 향신료의 사용법에서 차이가 나기 때문에 결과적으로 음식 맛 자체도, 맛에 대한 기호도 달라진다. 중국인이 기능적인 측면에서 각종 향신료를 사용했지만, 이런 조리법이 하나의 식습관으로 굳어졌다. 자주 먹는 맛이 선호하는 맛의 기준이 되는 것은 지극히 당연한 일이다. 따라서 중국의 맛에 관해 심도 있게 이해하려면 향신료의 개별 특징을 직접 경험해보는 것이 중요하다.

중국의 향신료를 기능에 따라 좀 더 구체적으로 분류해보자. 습을 빼주는 것은 중국 향신료의 공통적인 기능이다. 습을 빼주는 기능을 제외하면, 중국 향신료는 풍미를 살리는 용도, 비린내와 누린내 등 잡내 제거의 용도로 크게 나뉜다. 중국에서 가장 자주 쓰이는 향신료인 오향과 기타 향신료를 예로 들어 설명해본다.

화자오

양국 음식의 매운맛 차이를 설명할 때 소개했던 화자오는 매운맛을 내는 대표적인 중국 향신료다. 마라 성질을 지니며, 기능적으로는 습을 말려준다. 또, 기름기 많은 음식을 먹을 때 설사를 방지해준다. 화자오는 보통 뜨거운 기름에 볶거나 튀기듯 조리해 화자오 기름을 내서 쓴다. 화자오 기름을 사용하면 향기로운 매운 향이 난다. 화자오 기름은 무침을 할 때도 사용한다. 화자오 기름을 신선한 채소나 손질 잘된 삶은 내장 등에 부어 무치거나 면 요리 중 비빔류에 사용하면 기름인데도 깔끔한 맛을 낸다. 화자오를 가루 내서 튀김이나 구이를 찍어 먹기도 한다. 화자오를 국자에 올린 뒤 불로 달궈 가루로

화자오

팔각

소회향

쯔란

만든 다음 튀김을 먹을 때 찍어 먹으면 기름기를 잡아주면서 고소한 맛을 강하게 해준다. 절임과 찜 요리를 할 때 화자오를 넣어주면 입안이 깔끔한 매운맛을 즐길 수 있다.

팔각

팔각은 모양이 꽃같이 생긴 회향(茴香)으로, 대회향의 다른 이름이다. 팔각은 습을 제거하는 것 말고도 향을 증폭시키는 역할을 한다. 특유의 향 때문에 조림이나 찜 요리에 자주 사용한다. 중국 음식 마니아라면 누구나 한 번쯤 먹어봤을 오향장육의 오향에서 중심 역할을 하는 향신료다. 고기의 맛과 향을 더 진하게 한다. 또, 식욕을 돋우는 기능도 있다. 팔각의 활용법 중 한 가지 특이한 것은 채소 요리를 할 때 넣는 것이다. 채소 요리에 팔각을 넣으면 고기 향이 배어 맛이 다채로워진다. 중국에는 채소를 조리하는 방법을 '소채훈소(素菜荤烧)'라고 한다. 소채훈소는 '채소를 육류처럼 조리한다'라는 뜻으로, 중국 요리에서 팔각은 절대로 빠질 수 없는 향신료다. 뜨거운 기름에 팔각을 넣어 기름을 낸 뒤 무침 요리에 뿌려 먹으면 풍미가 더욱 진해지는 효과가 있다.

소회향

소회향은 미나리과에 속하는 회향(茴香, 영어 fennel)의 씨앗이다. 기본적으로 찐맛을 내고 단맛도 살짝 낸다. 풍미를 살리거나 비린내를 제거하는 데 쓰며, 식욕을 돋우며 몸을 따뜻하게 하는 효과가 있다. 향신료로 사용하는 것은 소회향의 열매를 건조한 것이고, 소회향의 줄기와 어린잎은 채소처럼 사용하며 만두를 만들 때 속 재료로 넣곤 한다.

한국인이 양꼬치를 먹을 때 즐기는 쯔란은 소회향과 같은 미나리과에 속하는 식물의 씨앗이며, 영어로 커민(cumin)으로 불린다.

정향

정향나무에 열린 봉오리를 꽃이 피기 전에 따 건조시켜 만든 향신료다. 봉오리가 트기 전에 따서, 자세히 보면 수정이 박힌 마법 지팡이 모양을 하고 있다. 생김새가 못처럼 생겨 이름도 향이 나는 못이라는 뜻의 '정향(clove)'이라 불리게 됐다. 쓴맛에 따뜻한 성질을 지니며, 주로 음식의 풍미를 살리는 역할을 한다. 추가적인 기능은 고기 잡내와 생선 비린내 제거다. 향신료 중에서 향이 가장 강하다고 할 정도로 향이

정향

육계

강하다. 원산지는 인도네시아와 말레이시아 사이에 있는 루카 섬이지만, 인도 서부 지역과 마다가스카르 등에서도 재배한다.

육계

영어로 시나몬(cinnamon)이라고 불리는 향신료는 육계나무 껍질을 말린 것이다. 한국에서 계피라고 흔히 불리는, 계수나무 껍질 말린 것과는 다르다. 알싸하게 매운맛을 내고, 중국에서도 한국과 마찬가지로 고기를 조리할 때 잡내를 제거하는 용도로 사용한다. 중국에서는 차로 끓여 마시기도 하며, 육수를 낼 때 넣기도 한다. 습을 제거하는 기능이 있고, 요리의 풍미를 살리는 데도 좋다.

기타 향신료

• 진피: 앞서 한중 쓴맛의 차이를 설명할 때 소개한 진피는 말려 묵힌 감귤류 열매의 껍질이다. 맛은 쓰고 단맛이 살짝 돈다. 입맛을 돋우며 비린내를 제거한다. 진피보이차, 천피야 등에 사용하여 씁쓸한 맛으로 느끼한 맛을 제거해준다.

진피

사인

육두구

백지 목향

• 사인: 생강과 식물의 열매다. 모양은 타원형에 껍질 표면은 멍게처럼 울퉁불퉁하게 생겼다. 껍질이 질겨 잘 갈라지지 않으며, 진한 풀 향기와 박하 향이 난다. 뒷맛이 쌉싸름한 특징이 있는데, 입맛을 돋우고 소화를 돕는다. 주로 기름이 많은 육류 요리에 사용하며, 고기의 맛을 강화할 수 있다.

• 육두구: 열대 식물 육두구나무의 열매로, 매운맛과 뜨거운 성질을 가진 향신료다. 음식의 풍미를 살리며 비린내를 제거한다. 조림이나 찜 요리에 많이 사용한다. 육두구는 매운맛을 지니고 있어 혀에 약간 매콤한 자극을 주며 향기의 종류가 풍부하다. 맛은 씁쓸하고 입안에 넣었을 때 청량감이 느껴진다. 고기의 육질을 좋게 해 식감을 개선하는데, 이런 특성 때문에 고기의 근섬유와 결합 조직이 상대적으로 거칠고 신선도가 부족할 때 매우 중요한 역할을 한다. 특히 육류의 조림이나 찜을 할 때 자주 사용한다. 돼지고기와 쇠고기는 모두 육두구를 사용하기에 적당하고, 고기 결이 부드러운 가금류와 양고기 조리에는 상대적으로 사용 빈도가 낮다. 또한, 가금류 중 닭고기와 거위고기는 상대적으로 근섬유가 가늘기 때문에 육두구를 사용하지 않아도 된다. 반대로, 육질이 거친

오리고기를 조리할 때 육두구를 사용하면 육질을 향상시킬 수 있다.

• 백지: 산형과의 구릿대(Angelica dahurica) 뿌리를 말린 것으로, 쓴맛이 특징이며 뜨거운 성질을 갖고 있다. 항균작용을 하며, 비린내를 제거하는 데 사용한다. 중국의 여름철 최고 인기 간식거리인 마라룽샤(麻辣龙虾마랄룡하)를 요리할 때 자주 사용한다.

• 목향: 국화과 식물인 목향 뿌리를 말린 것으로, 쓴맛이 나며 따뜻한 성질을 지니고 있다. 맛이 맵고 약간 쓴맛과 단맛이 나는 반면, 향은 꿀처럼 달콤하다. 육류의 비린내와 누린내 등 잡내를 제거하는 데 쓴다. 특히 동물 내장의 비린내와 누린내를 제거할 수 있어 내장 요리에 자주 사용한다. 중국에서는 산둥 지역의 목향 가루를 넣은 곱창조림이 유명하다.

양념이자 반찬, 장

장(醬) 역시 한중 양국 음식을 논할 때 빠뜨릴 수 없는 중요한 요소다.

중국인의 식습관이나 조리법을 놓고 보면 장은 요리의 시작과 끝이며, 장이 곧 양념이자 반찬이다. 미식가로 널리 알려진 공자는 《논어》 〈향당(乡党)〉 편 제십(第十)에서 "不得其酱, 不食"라 했다. 풀이하면 '장을 먹지 않고서는 먹었다고 할 수 없다'라는 뜻이다. 또한, 송대 일상생활을 자세히 다룬 산문인 《청이록(清异录)》에서도 "酱, 八珍之主人也"(장은 천하 미식의 주인이다)라는 문구가 나온다. 그만큼 중국인에게 장은 음식의 주인이자 핵심이라는 말이다. 장은 향신료와 함께 중국 요리의 근간을 이룬다고 할 수 있다.

넓은 영토만큼 중국에서 사용하는 장의 종류도 천차만별이다. 그 모든 장을 일일이 설명하기는 사실 불가능에 가깝다. 대신 여러 지역에서 널리 자주 사용하는 중국의 양념장을 보면, 한국 양념장과의 차이점과 중국 장의 대략적인 특징을 이해할 수 있다.

더우반장(豆瓣酱 두판장)

쓰촨 요리에 빠질 수 없는 한 스푼. 쓰촨성 피현에서 만드는 더우반장[四川郫县豆瓣酱 사천비현두판장]은 중국무형문화재에 등

쓰촨성의 대표적인 장,
더우반장

볶음 요리나 찜 요리에
사용하는 황더우장

초간편 장이지만 맛있는, 샹구장

재될 정도로 중국인이 애용하는 장이다. 앞서 매운맛의 차이에서 언급한 바 있는 더우반장은 누에콩을 팬에 살짝 볶아 하루 정도 물에 담갔다 쪄낸 뒤, 신선한 홍고추와 섞어 햇볕 아래 숙성시킨 장이다. 형태와 맛은 한국의 고추장과 흡사하다. 다만, 고추장과 비교하면 더우반장은 매운맛과 매운 향이 더 강하면서 단맛은 덜하다는 차이가 있다. 중국에서는 화자오와 함께 다양한 볶음 요리를 만들 때 사용한다. 한국에서도 쉽게 접할 수 있는 마파더우푸와 마라샹궈를 만들 때도 자주 사용한다.

샹구장(香菇醬 향고장)

글자 그대로 버섯으로 만든 양념장이다. 중국에서 버섯은 영양이 풍부한 식재료로 여겨져 채소의 왕이라고도 불린다. 콩으로 만든 장을 뜨거운 식용유에 한 번 볶고, 버섯과 참깨, 소금, 고추, 향신료들과 함께 한 번 더 볶아내면 완성되는 초간편 장이다. 버섯 특유의 쫄깃쫄깃한 식감과 달짝지근한 맛이 일품이다. 주로 밥이나 면에 비벼 먹는데, 별도의 덮밥 소스나 양념이 필요 없을 정도로 맛이 좋다.

황더우장(黄豆酱황두장)

어디에든 어울리는 만능 기본 장. 콩은 중국에서 생산량이 많아 양념장에 가장 흔하게 사용한다. 황더우장은 노란 콩(대두, 메주콩)을 볶아 가루로 만든 뒤 발효시킨 장이다. 한국의 된장과 비슷하나 좀 더 묽고, 짠맛과 단맛이 느껴진다. 주로 만터우(馒头)를 찍어 먹거나 볶음 또는 찜 요리에 사용한다.

쏸룽라장(蒜蓉辣酱산룡랄장)

중국식 고추 다대기(양념장). 쏸룽라장 중에서는 중국 서남지역 후난성의 삼색 둬자오쏸룽라장(剁椒蒜蓉辣酱타초산룡랄장)이 가장 유명하다. 쏸룽라장은 풋고추, 홍고추에 마늘을 함께 섞어 다진 뒤 볶아 만든 장이다. 한국의 고추 다대기와 흡사하며, 매운맛이 향긋하게 느껴지는 것이 특징이다. 밥이나 만두류와 함께 먹으면 입맛을 돋우며, 면 요리를 먹을 때 양념장으로 얹어 먹어도 좋다. 후난성의 유명 생선찜 요리인 둬자오위(剁椒鱼타초어)에도 사용한다.

세황장(蟹黄酱해황장)

세황장은 민물 게의 알과 내장을 이용해 만든 장이다. 중국

중국식 고추 양념장, 쏸룽라장

쑤저우시의 특산물, 세황장을 밥에 얹은 모습

은 내륙 지역이 넓다 보니 민물 게를 많이 먹는데, 그중에서도 장쑤성 쑤저우시 양청(阳澄양징)호의 다자셰(大闸蟹대갑해)가 가장 유명하다. 셰황장은 다자셰가 나는 쑤저우의 특산물로, 게알과 내장, 게살이 주요 원료다. 여기에 비계가 있는 돼지고기 다진 것과 파, 생강, 황주 등을 넣고 조려서 익힌다. 진한 게살의 맛을 느낄 수 있고, 밥에 얹어 먹기도 하며 조림 요리에도 사용한다.

황덩룽라자오장(黄灯笼辣椒酱황정롱랄초장)

황덩룽 고추는 하이난(海南)성의 특산물이다. 덩룽은 한국어로 '초롱'을 뜻한다. 고추의 모양이 초롱같이 생기고 색이 노랗다 하여 이런 이름을 갖게 됐다. 황덩룽 고추와 다진 마늘을 섞어 용기에 담아두기만 하면 간단히 황덩룽라자오장이 만들어진다. 하이난의 식당에 가면 테이블마다 하나씩 올려둔 이 양념장을 볼 수 있을 정도로 하이난 사람들에게 없어서는 안 될 필수품이다. 하이난을 찾는 중국 여행객들은 모두 황덩룽라자오장을 사 오곤 한다. 처음 이 장을 접한 사람들은 장의 밝고 따뜻한 노란색 때문에 매운맛인 줄 모르고 함부로 먹다가 낭패를 보기도 한다. 요리할 때 첨가하는 것보다 주로 음식

하이난의 노란 고추, 황덩룽 고추로 만드는 황덩룽라자오장

광둥성과 푸젠성에서 많이 사용하는 사차장

윈난 지역에서 나는 쑹룽버섯이 주재료인 쑹룽장

우엉을 주재료로 한 뉴방장

에 곁들여 먹어 매운맛을 한층 강화한다.

사차장(沙茶醬사차장)

사차의 원래 발음은 인도네시아의 사테이(Satay; 沙嗲)에서 왔다. 차와 음식을 함께 즐기는 음차(饮茶)문화가 발달한 중국 남쪽 지역 차오산(潮汕)으로 사테이 소스가 들어오면서 푸젠성 민난(闽南) 방언으로 음차돼 '사차'가 됐다. 민난 방언으로 '차(茶)'는 표준어 '테(爹다)'와 동일한 발음이다. 주재료는 땅콩, 새우 또는 생선, 고추, 강황, 정향, 진피 등으로, 재료를 기름에 끓이듯 볶아내 만든다. 주로 중국 남쪽 연해 지역인 광둥성과 푸젠성에서 많이 사용한다. 맛은 달고 약간의 매운맛이 난다. 사차장으로 음식을 볶으면 감칠맛이 강해지며 입맛을 돋우는 효과가 있다. 물론 볶음 말고도 훠궈를 먹을 때 소스로 활용할 수 있다.

쑹룽장(松茸醬송용장)

윈난 지역에서 나는 송이버섯의 한 종류인 쑹룽(松茸)을 주재료로 쓴 양념장이다. 말린 쑹룽버섯을 고추, 마늘, 더우츠(豆豉두시: 청국장 비슷한 중국의 콩장) 등으로 볶아 만든다. 쑹룽버섯의 씹히는 식감과 높은 영양분으로 유명하다. 짭짤한 맛이 식욕을 돋워주며 주로 비빔면의 소스나 볶음 요리에 사용하는데, 죽에 얹어 먹기도 한다.

뉴방장(牛蒡酱우방장)

장쑤성 쉬저우(徐州)의 특산품이다. 중국어로 뉴방은 '우엉'을 뜻한다. 뉴방장은 우엉과 땅콩, 더우츠를 주재료로 하여 생강, 술, 소금 등을 넣어 볶아 만든 장이다. 우엉의 아삭함을 느낄 수 있으며, 주로 면 종류에 비빔장으로 쓰거나 죽에 얹어 먹는다. 또는, 볶음 요리에 사용한다.

XO장

다른 양념장과는 달리 자연발생적으로 발달한 것이 아니라 한 명의 요리사가 개발해 보편적으로 사용하게 된 장이다. 홍콩의 유명 요리사 황빙화(黄炳华)가 개발한 것으로, 주재료는 관자와 건새우, 진화(金华)햄이다. 귀한 재료로 만들었다고 해서 이름도 브랜디의 최고 등급인 XO를 본떠 'XO장'으로 지었다. 광둥식 갑각류 요리나 해산물 요리에 사용하며, 볶음 요리에도 넣고 찐 음식을 찍어 먹기도 한다. 진화햄은 중국 저장

장류의 에르메스라 불리는 XO장

참깨가 주재료라 고소한 마장

성 진화시의 명물 햄으로 고급 식재료로 꼽힌다.

마장(麻醬미장)

마장은 참깨를 주재료로 만든다. 일반적으로 볶은 참깨와 땅콩잼을 섞어 만들어 부드럽고 고소한 맛을 낸다. 취향에 따라 식초나 고추기름을 곁들이기도 한다. 베이징에서 자주 사용하며, 훠궈를 먹을 때 찍어 먹는 장으로 유명하다. 멘차(面茶면차: 전통 베이징 아침 식사의 일종으로 한국의 미숫가루와 비슷하지만 좀 더 걸죽하게 먹는다)를 먹을 때도 넣는다. 여름에는 마장으로 비빈 마장냉면(비빔냉면)이 베이징에서 인기 있는 제철음식이다.

중국의 장을 자세히 살펴보면 한국과는 다른 특징을 발견할 수 있다. 한국의 양념은 기본에 충실하면서 순수하게 한 가지 맛에 집중한다. 고추장, 된장, 쌈장 등을 거의 순수하게 장 자체의 맛을 살려 요리에 활용한다. 된장찌개를 끓일 때 된장을 물에 풀어 사용하듯이 말이다.

반대로, 중국의 양념은 복합적인 맛을 낸다. 특정한 양념을 기본으로 해서 향신료나 다른 장을 첨가하는 방식으로 만든다. 쉽게 표현하자면, 고깃집 냉면에 올라가는 양념장 같은 개념이라고 할 수 있다. 앞서 살펴본 더우반장이 누에콩장을 기본으로 고추를 잘게 썰어 넣어 만드는 것과 같은 이치다. 이런 특징은 이미 여러 차례 설명했듯, 복합적인 맛을 좋아하는 중국인의 기호가 양념에도 반영된 것이다. 그래서 한국인이 중국의 장을 처음 접하면 낯설게 느껴지는 것이다. 이것저것 섞인 복합적인 맛이 익숙지 않은 한국인과 복합적인 맛을 선호하는 중국인의 특징이 즐겨 먹는 양념에서도 잘 드러난다.

오미에 대한 차이가 양국 맛의 근본적인 차이라면, 조리법, 식문화, 향신료, 양념의 차이는 맛을 응용할 때의 차이라 할 수 있다. 이런 특성을 인지하고 있다면 중국인의 기호를 더 잘 파악할 수 있고, 또 중국인의 기호에 맞는 맛에 한 발 더 다가갈 수 있다.

이번 장에서 우리는 중국인의 생활방식과 식문화가 어떻게 중국의 맛에 영향을 끼쳤는지 알아봤다. 음식을 약처럼 생각하는 식약동원과 척박한 자연환경이 만든 식습관, 또 기름과 향신료, 양념의 사용까지, 모든 맛의 요소에는 중국인의 생활방식이 스며 있다. 현지에서 직접 피부로 느끼지 않으면 알기 어려운 요소를 몇 가지 소개했지만, 이 넓디넓은 중국 땅에는 아직도 우리가 알지 못하는 수만 가지의 생활습관이 존재한다. 이 모든 사례를 학습한다는 것은 중국인으로서도 불가능한 일이다. 다만, 일반적인 중국인의 식문화를 고려해서 어떤 자세로 중국의 맛을 대할 것인지 고민해보는 과정은 반드시 필요하다.

또 한 가지 강조하고 싶은 것이 있다. 중국의 맛에 관해 알고자 한다면 중국인에 대한 편견을 버리도록 노력해야 한다는 점이다. 그들의 문화와 생활방식을 애정 어린 눈으로 바라볼 때에야 중국의 맛은 비로소 우리 손에 닿는 곳에 서 있을 것이다. 중국인이 왜 딱딱한 식감을 싫어하는지, 왜 차가운 물을 마시지 않는지, 너무 단 맛을 왜 기피하는지 고민해보는 것만으로도 중국의 맛에 한 발 더 다가갈 수 있다.

이제 중국의 맛을 조금 맛봤으니, 실제 사례를 통해 어떤 방식으로 한국의 맛이 중국인의 식탁에 오르는지 살펴보도록 하자.

알쏭달쏭 중국의 식탁

앞선 1, 2장에서 한국인이 선호하는 맛과 중국인이 선호하는 맛의 차이가 발생하는 원인을 여러 각도에서 들여다봤다. 하지만 실생활에서 다양한 종류의 먹거리를 대하다 보면 여전히 이해하기 어려운, 알쏭달쏭한 중국의 식탁을 종종 마주한다. 완전히 다른 양국의 오미 재료, 이국적인 향신료를 아무리 열심히 맛보고, 이름을 달달 외워봐도 중국의 맛에 대한 낯섦은 쉽게 가시지 않는다.

필자들의 경험에 따르면, 여기에는 크게 두 가지 원인이 작용한다. 중국 음식의 맛이 대부분 복합적인 구조로 이뤄져 있고, 맛에 영향을 주는 부가적인 요소가 차지하는 부분도 크다는 것이다.

첫 번째 원인을 살펴보자. 중국 음식의 맛은 대부분 복합적인 구조를 가진다. 한국인 입장에서는 중국 음식의 복합적인 구조가 다소 생소하다. 식재료들이 섞여 복합적인 맛을 이루는데, 이들이 빚어내는 낯섦은 신선함 반 거부감 반으로 다가온다. 그렇기 때문에 비전문가가 이전에 경험하지 못했던 중국의 맛을 표현하고 설명하는 것은 매우 어려운 일이다. 즉, 복합적인 특징을 가진 맛을 경험한 적이 적어서, 이론적으로는 이해한다 해도 실제로 완벽한 앎이 되지는 않는다.

더욱이 중국 음식의 맛은 구성 요소 간 조화와 궁합을 따지는 것이 특징이다. 즉, 색, 향, 미(色香味)의 세 가지 요소의 조화와 궁합을 중시한다. 세 가지 요소의 어울림 정도에 따라 음식의 특색과 표현이 달라지는 변화무쌍함을 갖는다. 한국에서도 먹거리의 색과 향을 따지기는 하지만, 음식의 신선도를 더 중요시한다. 한국인의 입장에서는 색, 향, 미의 조화를 따지는 이런 중국의 관습이 다소 과장되게 느껴지기도 한다. 실제 이러한 생각은 중국 식당 메뉴판의 요리 명칭을 보면서도 쉽게 확인할 수 있다.

결론적으로, 중국 음식은 맛을 보고 맵다, 싱겁다, 짜다, 시다라는 표현으로 단정 지어 설명하기 어렵다. 다소 복합적인 맛 구성으로 인해 맛을 표현하는 데 많은 요소가 영향을 끼치는 것이다. 간단한 중국 음식이더라도, 맛을 보면 여러 가지 요소가 복합되어 맛을 이루고 있음을 알 수 있다. 이런 중국의 맛의 특성상, 경험이 풍부하지 않으면 이를 알아차리기가 쉽지 않다. 이처럼 복합적 특징이 많은 음식이라는 점에서, 중국 음식의 맛을 평가할 때 단순히 맛 자체보다는 색, 향, 미의 종합체로서 좋고 싫음을 따져보는 경향이 한국보다 더 두드러진다.

맛 자체 이외에, 중국인의 오랜 식문화와 함께 형성된 식습관도 중국의 맛이 낯설게 느껴지게 하는 두 번째 원인이다. 중국인의 식문화에 따라 음식을 먹을 때 나름 선호하고 금기시하는 행동방식 등이 차이를 만드는 것이다. 예를 들어, 좋아하는 맛을 가진 식재료라 하더라도 그것을 먹는 방법에 호불호가 나타난다면, 그 이유를 맛과 관련된 상식으로만 알아채기는 쉽지 않다. 먹거리의 원료나 식재료의 차이를 넘어 각종 음식에 관련된 독특한 식문화가 이차적으로 보이지 않는 차이를 만들어내는 셈이다.

따라서, 두 가지 경우 모두 현지에서의 충분한 경험을 바탕으로 중국인이 느끼는 혀끝의 미각만이 아니라 식문화적인 접근 방식도 동원해야 맛에 대한 편안함과 불편함을 느끼는 경지에 도달할 수 있다. 이것은 한국인이 뜨거운 국물을 들이켜고 나서 '시원하다'라고 표현하는 것을 한국을 처음 방문한 외국인 여행객은 결코 이해하지 못하는 것과 같은 경우다.

이에, 필자들은 중국에서 오랜 시간 경험한 내용들을 바탕으로 알쏭달쏭한 중국 식탁의 속살을 조금이나마 들여다보려고 한다. 한때 주목받던 한식이 중국에서 고전하는 이유, 국민 간식인 국물 떡볶이가 중국에서 환영받지 못하는 속사정 등을 재미난 사례를 통해 가려운 등을 등긁이로 시원하게 긁듯 훑어볼 것이다.

오랜 중국 현지 생활 속에서 발견한 한중 간 맛 차이를 느끼게 해주는 사례가 많지만, 그중에서 우리에게 좀 더 익숙한 맛 이야기를 이번 장의 주제로 잡아봤다. 한중 간 맛의 차이점을 쉽게 이해하기 위해, 우리가 잘 몰랐거나 이해가 안 되는데도 관심이 적어 무심코 지나쳤던 사례를 통해 중국의 맛을 재미있고 쉽게 풀어보고자 한다.

〈대장금〉과 한식 열풍의 현주소

한식(韓食)은 광의로 보면 한국인이 즐겨 먹는 음식을 일컫는다. 범위를 좁혀보면 흔히 한식당에서 접하는 음식을 뜻한다. 그동안 한식의 세계화가 꾸준히 진행되면서 한국인의 주식은 국외 어지간한 도시에서도 어렵지 않게 접할 수 있으며, 최근 전 세계로 수출되는 한국산 식재료를 포함한 K-푸드의 인기도 점점 높아지고 있다. 즉, 한식이 매력을 발산할수록 세계에서 한국의 맛은 더 환영받는다. 그러나 점차 커지는 K-푸드의 인기에 반해, 중국에 진출한 한식은 이렇다 할 성공 스토리를 만들어내지 못하고 있다.

실제 중국에서 한식의 위상은 어떨까? 앞으로도 계속 환영받기 위한 노력들이 결실을 잘 맺을 수 있을까? 좀 더 보완해야 할 점은 무엇일까? 이러한 질문에 대답하려면 먼저 살펴봐야 할 것들이 있다.

2000년대 초반 MBC 드라마 〈대장금〉이 전무후무한 시청률을 기록하며 대히트를 쳤다. 중국에서도 한류 드라마의 흥행과 함께 드라마 속에 등장하는 궁중음식이 '한식=궁중음식'으로 연결되면서 갑작스레 한식 열풍이 일었다. 중국 곳곳에 한국 식당이 우후죽순 생겨나면서 많은 손님으로 북적이던 모습이 생생히 기억난다. 현재는 어떤가? 〈대장금〉 이후 한중 교류의 증가와 함께 늘어나던 한국 식당은, '사드'라는 정치 이슈와 코로나19로 인해 세가 확 줄어들었다. 더 아쉬운 부분은, 기타 외국계 식당들은 고급 쇼핑몰과 백화점에 입점해 나름의 외국계 프리미엄을 누리고 있는 반면, 유독 한식당은 몇몇 고급 체인점을 제외하고는 자리매김이 시원찮아 보인다는 점이다.

이 점이 한식을 3장의 첫 주제로 삼은 이유다. 〈대장금〉 열풍으로 중국인에게 강한 인상을 심어준 한식이 이후 중국에서 왜 제대로 자리 잡지 못하고 발전이 더딘지, 또 환영받는 맛이 되기 위해 살펴봐야 할 사항들은 무엇인지 한번 되짚어 보고자 한다.

드라마 〈대장금〉을 통해 중국인이 접한 한식의 첫인상은 한 상 가득 형형색색의 음식으로 채워진 궁중요리였다. 중국인들의 먹거리를 평가하는 요소인 색, 향, 미 중 가장 먼저 눈에 띄는 색에서 강한 인상을 준 것이다. 다양해 보이는 요리와 반찬류 그리고 현란한 음식의 색이 중국인의 기호에 맞아

떨어지면서, 한 번쯤 저 밥상을 접하고 싶다는 마음을 갖게 했다. 이렇게 초기에 한식은 대단한 환영을 받았지만, 한식당의 인기는 점차 사그라지며 쇠퇴의 길을 걷고 있다.

중국인에게 좋아하는 한식 메뉴를 말하라고 하면 아직까지도 〈대장금〉의 영향 아래 비빔밥, 삼계탕, 갈비구이, 불고기 등 대표적인 한국 음식이 언급되지만, 막상 한식을 경험하는 한식당의 인기는 〈대장금〉 열풍 시기와 비교하면 후퇴한 느낌이 많이 든다. 중국인은 한식을 개별적인 대표 메뉴로는 잘 기억하고, 후기 평가도 나쁘지 않은 것에 비해, 중국의 한국 식당들은 그에 걸맞은 고객층을 확보하지 못하고 있다. 되레 점포 수가 감소하고 있다. 한마디로, 개별적인 음식 자체는 중국인에게 통할 수 있지만 그것을 운영하는 측면에서 무언가 실수나 시행착오가 있다는 것이다. 한식을 하드웨어에 비유하고 한식의 메뉴와 현지화 노력을 소프트웨어라고 할 때, 필자들은 후자 쪽의 개선이 시급하다고 판단했다. 이런 관점에서 중국인의 입에서 가장 많이 언급되는 한식의 불편함에 관한 의견을 모아보면 아래 세 가지로 요약된다.

첫 번째는 '먹을 게 별로 없다'이다. 이 말을 처음 들으면 의아한 생각이 든다. 상다리 부러지게 차려놓은 다양한 궁중요리를 보고 흥미를 느낀 중국인이 왜 이런 말을 할까? 이 말의 속뜻을 들여다보면 '한식은 먹어도 허기가 채워지지 않는다'로 귀결된다. 실제 그럴까? 여기서 허기란 포만감을 느껴 식욕이 당기지 않을 정도로 만족하게 먹지 못했다는 의미다. 중국인은 한국인보다 육류 섭취가 많고, 또한 대부분의 요리에 기름기가 많이 들어가야 허기가 채워진다는 느낌을 받는다. 따라서 비교적 담백한 맛의 채소류 밑반찬이 많은 한식은 중국인에게 푸짐하다는 느낌을 주지 못한다.

먹을 게 별로 없다는 말은 선택의 폭이 너무 적다는 의미로도 해석할 수 있다. 예를 들어, 돌솥비빔밥과 전주비빔밥으로 대표되는 한국의 비빔밥은 중국인의 애정 메뉴 중 하나다. 비빔밥은 다양한 식재료의 복합적인 맛과 푸짐함이 어우러져 중국인의 식성에 제격이다. 그런데 중국인의 불만은 비빔밥이 딱 이 두 가지 형태에서 정체됐다는 것이다.

중국인은 맛의 다양성을 선호한다. 라면이나 과자 판매대를 봐도 한 제품에 맛 시리즈 종류가 한국보다 훨씬 다채로운 것을 알 수 있다. 비빔밥이 식성에 맞아 처음 몇 번 먹어본 후에 다른 종류의 비빔밥을 찾게 되는 것이 중국인의 식습관이다. 이때 먹어볼 만한 종류가 부족하면 비빔밥을 자주 찾을 동력이 사라진다. 한마디로, 지루함을 느끼는 것이다. 즉, 비빔밥이라는 하드웨어 자체는 중국인 식성에 맞지만 맛이라는 소프트웨어를 업그레이드하는 데서 아쉬움이 생긴 형국이다. 비빔밥의 종류를 더 다양하게 개발해 중국인 입맛을 유혹할 수 있게 메뉴를 설계했더라면 비빔밥은 훨씬 더 중국인의 사랑을 받았을 것이다.

베이징에서 성업 중인 비빔밥 식당이 있는데, 이곳은 중국인이 운영하고 있다. 이곳에서 파는 비빔밥의 인기 메뉴는 중국인의 기호에 맞춰 고기가 듬뿍 들어간 삼겹살 비빔밥, 베이컨 비빔밥, 알 비빔밥 등이다. 또 다른 예로 중국인이 운영하는 냉면집을 보면, 한국인 입맛에 맞는 깔끔한 육수 맛보다는 새콤달콤한 맛이 더 두드러지고, 육고기와 채소 고명도 훨씬 풍성하게 올라가 있다. 담백하고 깔끔한 뒷맛보다 푸짐하고 보다 명확한 맛이 중국인들의 혀를 사로잡은 것이다. 반면, 서울식 평양냉면은 중국에서 성공하기가 어렵다.

한식의 근본을 유지하되 현지인의 기호에 맞는 재료와 형태를 반영해야 한다. 삼겹살구이를 먹을 때조차 소금이 아닌 고춧가루와 쯔란을 양념으로 사용한다는 점은, 한국의 맛에서 중국인이 느끼는 부족함이 어느 부분에 있는지 찾을 때 참고할 만한 대목이다.

두 번째는 한식은 '차가운 음식이다'라는 인식이다. 이 말을 듣고는 잘 이해가 되지 않을 수 있다. '우리가 언제 음식을 차갑게 먹었나?'라는 생각이 들 것이다. 이 말의 속뜻을 이해하려면 중국인의 식탁을 자세히 들여다봐야 한다. 중국 음식은 대부분 센 불로 조리해 불 맛이 나는 요리다. 물론 냉채 요리가 있어 코스 요리의 앞쪽에 몇 가지가 상에 오르기는 하지만 지극히 일부이며, 그 또한 차갑게 먹는 이유가 있는 음식에 한정되어 있다. 이에 반해, 한식은 주식 한 가지에 밑반찬으로 나오는 요리 대부분을 미리 만들어 상에 놓는다. 말 그대로 조리하는 온도가 낮아 차가운 게 아니라, 조리된 지 오래돼 불기운이 느껴지지 않는 음식이 된다. 중국 식당에서 내오는 잡채 요리는 센 불로 기름에 볶아 따뜻하고 강한 기름 향이 매력 포인트다. 한식당에서 미리 만들어놓아 미지근하고 기름이 굳어 딱딱해진 잡채와 비교할 때 어느 것을 더 선호할지는 예상이 될 것이다. 세부적으로 따져보면, 한식의 밑반찬 개념은 중국인에게 그다지 선호되지 않고 오히려 거부감을 갖게 하는 요소다. 이런 점을 감안하면 밑반찬을 줄이고 중국인이 선호하는 요리에 선택과 집중을 하는 편이 좋을 것이다.

세 번째 원인은 '한식당의 어중간한 정체성'이다. 한식 하면 딱 떠오르는 맛 이미지는 무엇일까? 중국인에게 같은 질문을 하면 대부분 김치(泡菜파오차이), 고기구이(烤肉카오러우), 삼계탕(参鸡汤선지탕)과 같은 개별적인 음식 이름을 열거한다. 반면, 식재료가 풍부해 요리의 가짓수가 많은 중국 음식에 대해서는 맛의 특징으로 그룹을 지어 구분하는 경향이 있다.

필자들이 중국 여행을 하며 겪은 재미있는 이야기가 있다. 어디를 가든 여행 가이드는 그 지역의 요리 이야기를 들려준다. 그리고 이내 어디서 왔느냐고 묻는다. 베이징에서 왔다고 하면 대뜸 나오는 말이, 먹을 만한 것이 카오야(베이징덕)밖에 없는 베이징 요리는 중국에서 제일 맛없는 음식으로 꼽힌다는 것이다. 다소 우스갯소리처럼 들리지만, 실제 중국의 8대 요리 중 베이징 요리는 내세울 게 딱히 없다. 그에 비해 다른 지역 요리는 각각의 특징을 쉽게 떠올릴 수 있다. 쓰촨 요리는 마라 맛이고, 후난 요리는 매운맛이고, 윈난 요리는 시고 맵고, 광둥 요리는 담백하고, 저장 요리는 달고…….

이런 배경에서 볼 때 한국 요리는 중국 각 지역의 요리나 다른 국가의 요리에 비해 중국인의 식문화에 딱 들어맞게 이

어느 주식에나 비슷한 반찬이 나와
중국인에게는 늘 똑같아 보이는 한식

미지가 분류되지 않는다. 마치 베이징 요리와 같다. 다양한 메인 메뉴 대신, 단순한 주식류와 미리 만들어놓아 식은 반찬류로 이미지가 국한된다. 중국인의 기호에 맞춰 현지화하지 못하고, 인상 깊게 기억하기에는 메뉴의 범위가 다소 어중간한 느낌을 준다. 비교하자면, 일본 요리의 경우는 신선한 재료를 바로 먹는 스시, 튀김옷이 바삭한 돈가스, 진한 돼지육수가 일품인 라멘, 이자카야에서 직화로 바로 구워 내주는 꼬치구이 등으로 좀 더 구체적인 개성을 확실하게 어필한다. 이렇게 명확한 정체성은 중국 각 지역뿐만 아니라 각 나라의 요리를 인식하는 데서 중요한 위치를 차지한다. 중국인이 선호하고 기억하기 쉬운 메뉴 구분으로 좀 더 세분화하는 것이, 중장기적으로 좋은 이미지를 심어주기에 바람직하다.

정리해보면, 〈대장금〉 이후 한국의 맛이 한식 열풍을 이어가지 못한 데는 한식의 정체성과 현지화가 부족했던 탓이 크다. 한식 현지화를 좀 더 효과적으로 진행하려면 한식의 근본적인 틀인 하드웨어는 유지하되, 현지인의 기호에 맞는 요리를 선정해 특색에 맞게 세분화해야 한다. 또, 선정한 요리의 재료와 형태라는 소프트웨어를 현지인의 기호에 맞게 조절해 선택의 다양성을 제공해야 한다. 이는 단순하게 한식 재료 및 기존의 메뉴 조합을 수정하는 문제가 아니다. 앞에서 언급한 내용을 참고해 메뉴의 다양성을 확대하고, 화려한 걸 좋아하며 색, 향, 미의 어우러짐을 중시하는 중국인의 식습관이 혀끝에서도 느껴지도록 현지화하는 연구 개발이 필요하다.

계란(鷄卵)과 지단(鸡蛋)

달걀은 세계적으로 손에 꼽히는 완전식품이자 단백질의 보고로 애용하는 대표적인 일일 식재료다. 우리는 달걀을 한자로는 계란(鸡卵)이라 하고 중국에서는 지단(鸡蛋계단)이라 한다. 알을 표현하는 단어가 다소 다른데, 한국에서 부르는 이름은 알(卵) 자체를 강조한다면 중국에서는 알이면서 동시에 영양소인 단백질의 단(蛋)을 내세우면서 영양 성분의 느낌이 더 강하게 묻어나는 이름으로 부른다. 여기에서는 이 개념의 차이가 맛의 차이까지 연결되는 이야기를 하려 한다.

달걀 이름의 한자 풀이를 언급하니, 혹시 중국의 달걀 맛이 한국의 달걀 맛과 다른가 하고 의문을 갖는 독자가 있을지도 모르겠다. 물론 한국과 중국의 달걀이 식재료로서 특별한 차이점을 가질 리는 없다. 오히려 맛 차이가 가장 적은 식재료 중 하나라고 할 수 있다. 여기서 달걀을 주제로 잡은 이유는, 한중 간 맛 차이가 식재료보다는 조리법이나 먹는 방법에서 난다는 것을 확실하게 보여줄 수 있기 때문이다. 먹는 법이 서로 다르기 때문에, 달걀은 양국 간 맛 차이를 설명하는 데 제격인 식재료다.

일반적으로 식재료에서 오는 양국 간 맛 차이는 쉽게 인식할 수 있을 만큼 분명하다. 반면, 식재료를 조리하는 방법과 사용 방식에서 오는 차이점은 직접 경험해보지 않고는 어지간해서는 알 수가 없다. 한중 간 달걀 요리를 비교해 먹어보면, 재료로서는 같은 맛이지만 요리로서는 서로 다른 맛임을 느끼게 된다.

한국에서 자주 먹는 달걀 요리는 삶은 달걀, 달걀프라이, 달걀말이, 달걀찜 등과 같이 달걀이 주인공이 되는 것이 대부분이다. 이에 반해, 중국에서 자주 먹는 달걀 요리는 달걀이 주재료가 아닌 경우가 많다. 같은 달걀을 먹어도 양국의 먹는 방법과 조리법이 달라 우리에게 익숙한 달걀 맛을 중국 요리에서 느끼기는 어렵다.

우리에게 익숙한 삶은 달걀을 예로 들어보자. 삶은 달걀은 어릴 때부터 소풍이나 야외활동을 할 때 누구나 즐겨 먹었을 정도로 전천후 국민 간식이다. 당연히 한국인은 삶은 달걀 맛에 익숙하다. 흰자의 담백하고 부드러운 식감과 그것만으로 왠지 허전하다 싶을 때 밀려오는 노른자의 든든함과 고소한 맛이 일품이다.

필자들이 중국에 온 초기에 겪었던 삶은 달걀과 관련된 재밌는 에피소드가 기억난다. 아직 중국 음식문화에 서툴 때였다. 여행길 기차 안이나 식당이 드문 야외로 나가면 항상 간식 시간에 먹거리가 아쉬울 때가 많았다. 그래서 가끔 삶은 달걀을 준비해 나들이를 가곤 했다. 여행 가면 쉽게 마음이 열리는지라 콩이라도 나눠 먹을 요량으로 동행한 중국 지인들에게 선심 쓰듯 삶은 달걀을 건넨 적이 있다. 그러나 중국 지인들은 극구 사양하며 먹지 않았다. 개인적으로 삶은 달걀을 좋아하지 않는 것이려니 하고 지나친 적이 많았다. 그러나 다른 지인들과의 여행에서도 같은 일이 몇 번 반복됐다. 그제야 중국인이 한국식 삶은 달걀을 즐겨 먹지 않는 것을 알게 됐다.

왜 중국인은 삶은 달걀을 먹지 않을까? 궁금증이 깊어갈 때 즈음 시안(西安)을 방문했다. 중국 지인이 여정 중에 길거리 노점상에게서 산 삶은 달걀을 하나 건넸다. 달걀을 자세히 보니 모양은 삶은 달걀인데 색상이나 향이 매우 낯설었다. 마치 한국 찜질방에서 파는 맥반석 달걀과 흡사한 외관을 가졌다. 이 달걀은 오래전부터 노점에서, 최근에는 편의점 또는 호텔 아침 뷔페에서 인기를 독차지하는 차예단(茶叶蛋차엽단)이다. 차예단은 중국 어디를 가나 손쉽게 접할 수 있는 음식이다. 그래도 궁금증이 덜 가셔 시식을 하기 전에 한 번 더 중국 지인에게 삶은 달걀을 왜 그다지 좋아하지 않냐고 물었다. 중국 지인은 한마디로 답했다. "간(干)."

그랬다. 중국인에게 한국식 삶은 달걀은 목 넘김이 빽빽해 거부감이 들게 한다. 특히 중국인은 노른자의 퍽퍽함을 꽤 불편하게 느낀다. 그래서 달걀을 삶을 때, 생수에 향이 있는 찻잎과 간장, 소금을 넣고 오향 중 한두 가지를 함께 넣어 삶아낸다. 또한, 먹기 전까지 오래도록 삶고 찻잎 물에 그대로 담가 두었다가 먹기 직전에 꺼낸다. 당연히 한국의 삶은 달걀보다 수분 함량이 높아 속까지 더 촉촉하고, 찻잎과 향신료의 향 역시 향긋하게 올라온다. 또, 간장의 짭짜름함이 함께 배어 있어 목 멤이 훨씬 덜하다. 식감에 대한 중국인의 호불호는 앞서 커우간과 식감의 차이에서 피자를 토마토케첩에 찍어 먹는 사례에서도 언급했다. 중국인이 입안의 느낌을 제6의 맛 정도로 여기며 좀 더 예민하게 반응한다는 점을 기억해두자.

삶은 달걀을 통해 같은 식재료로 만든 요리 중에서도 식감에 따라 한중 간 호불호가 갈린다는 사실을 알았다. 이제는 달걀을 주재료가 아니라 부재료로 사용하는 요리에서는 한중 간 맛 차이가 어떻게 나는지 살펴보자.

우선, 달걀을 주재료로 쓴 요리를 떠올려보자. 달걀말이, 달걀찜, 오믈렛 등이 한국인이 빈번하게 즐기는 달걀 요리다. 이 요리들은 달걀 자체에 소금 같은 약간의 조미료나 파 정도를 곁들인 것이다. 달걀 자체의 맛을 담백하게 즐긴다는 특징을 갖는다. 달걀을 부재료로 활용하는 요리로는 전 종류가 있다. 자주는 아니지만 명절 때 꼭 해 먹는 고기다짐에 달걀옷을 입혀 튀기는 동그랑땡과 생선전 등이다. 손이 많이 가는 데다 기름기가 많아 명절이나 특정 잔칫날을 제외하면 평소 즐겨 먹는 음식은 아니다.

이와 달리, 중국에는 달걀을 부재료로 사용해 평소에도 자주 먹는 요리가 있다. 주차이시난셴빙(韭菜鸡蛋馅饼 구채계단함병)

달걀 요리의 차이.
한국에서는 달걀 자체가 주인공인 요리를 만들고,
중국에서는 달걀을 부재료로 즐겨 사용한다.

이 그 대표적인 예다. 주차이지단셴빙은 달걀볶음에 부추를 버무려 소를 만들고 피로 감싸 납작한 만두와 빈대떡 중간쯤으로 부쳐 먹는 요리다. 또한, 한국의 빈대떡쯤 되는 빙(饼)도 밀가루에 달걀을 넣어 반죽해 부치는 경우가 많다. 당연히 한국의 밀가루 반죽에 쓰는 것보다 달걀의 사용량이 많다. 다른 사례로 중국에서 가정식 요리로 많이 쓰는 시훙스지단탕(西红柿鸡蛋汤서홍시계단탕)과 시훙스차오지단(西红柿炒鸡蛋서홍시초계단)이 있다. 달걀과 토마토의 궁합으로 만든 중국 식탁의 국민 반찬 같은 요리다. 토마토와 달걀에 약간의 소금과 설탕을 넣고 간단히 기름에 볶거나 탕으로 끓여내 먹는다. 한 그릇 먹어보면 열기가 느껴지고, 눈으로 보는 것과 달리 꽤 든든하다. 한 끼 영양식으로 훌륭하다는 느낌을 받는다.

위에 열거된 요리 사례를 보면 '계란'과 '지단'의 미묘한 식문화 차이가 느껴진다. 한국이나 중국 모두 영양식으로 달걀 요리를 즐기는 것은 공통점이지만, 한국은 주로 달걀 자체의 담백한 맛이 느껴지는 요리를 즐긴다면, 중국은 달걀을 지단, 즉 단백질을 제공하는 주요한 식재료로 다루며, 다양한 다른 식재료와 함께 조리해 영양 균형을 갖춘 복합적인 요리를 선호한다. 식약동원에서 오는 영양 섭취를 중시하고, 복합적인 맛을 선호하는 식습관이 만들어낸 차이점이다.

이처럼 식재료별로 먹는 목적과 방법이 달라짐에 따라 맛 기호에 미묘한 영향을 끼친다. 그것이 식습관으로 이어져 결국 한중 간 맛 차이를 만드는 요인이 된다. 계란과 지단 사례는 중국의 맛을 이해할 때, 식재료의 차이와 기본 맛 차이를 만드는 양념과 향신료 차이를 이해한 뒤 그다음 단계로서 알아야 할 대목이다. 따라서 중국의 맛을 더 깊게 이해하려면 식재료의 특성을 파악하는 데만 머물지 말고, 대표적인 중국 음식을 접하면서 각 식재료를 어떤 목적과 역할로 쓰는지 함께 살펴볼 필요가 있다.

국물 떡볶이는 왜 중국에서 고전할까

떡볶이는 설명이 필요 없는 한국의 국민 간식이다. 비록 오랜 전통이 있는 요리는 아니지만, 한국인의 맛 DNA의 정수인 고추장의 매운맛이 쌀 또는 밀가루 떡, 라면이나 만두 등 다양한 부재료에 배어들어 매력적인 맛을 낸다. 한류 드라마를 통해 많은 중국 젊은이에게도 익히 존재감이 알려져 있고, 떡볶이 전문점은 중국의 주요 도시에서 성업 중인 한류 간식의 대표 주자다. 중국인이 좋아하는 육류도 아니고 기름진 음식의 특색도 갖고 있지 않은 떡볶이가 선전하는 모습은 오히려 놀랍다. 그 배경에는 복합적인 맛을 좋아하는 중국인의 취향에 맞춰 메뉴 종류를 늘린 현지화가 있다. 여기에서는 중국 현지에 진출한 떡볶이 메뉴 개발 사례를 통해 한식의 현지화 성공 단서들을 짚어보고, 더불어 중국인이 선호하는 맛 특징을 실생활 속에서 이해해보자.

한국 떡볶이 하면 떠오르는 맛은 단연 고추장의 매운맛이다. 매운맛을 필두로 고명과 부재료의 종류 그리고 조리법에 따라 다양한 종류가 있다. 큰 철판에 매운 고추장을 베이스로 설탕을 적당한 비율로 섞어 만드는 전통적인 매운 떡볶이, 무와 어묵을 넣고 육수를 내 추운 날씨에 제격인 추억의 국물 떡볶이, 그리고 양배추 등 채소를 푸짐하게 썰어 넣고 라면과 쫄면을 얹고 고추장으로 버무려 좀 더 요리다움을 갖추고 끓여가며 먹는 신당동 즉석떡볶이 등이 한국을 대표하는 떡볶이다. 자세히 들여다보면, 한국의 떡볶이는 주로 고추장의 양으로 매운맛의 강약을 조절하면서 채소나 라면을 가감한다. 특별히 다른 요리가 먹고 싶으면 튀김류나 김밥을 추가해 세트 메뉴로 취식하는 경향이 있다.

그렇다면, 중국인이 좋아하는 떡볶이는 어떤 종류일까? 처음 접하는 요리를 먹어볼 때 사람들은 최대한 경험 속 기억을 더듬는다. 본능적으로 내가 먹었던 것과 가장 유사한 맛을 찾는 것이다. 재료와 맛은 다르지만 중국인이 매운 요리 중 유독 좋아하는 쓰촨 마라탕이나 훠궈 요리가 떡볶이와 유사성이 많다. 최근 중국에서 사회적 스트레스가 증가하며 매운맛에 대한 수요가 증가한 것도 떡볶이의 인기에 영향을 끼쳤다. 한국 고추장의 매운맛이 쓰촨 고추와 마라, 화자오의 매운맛과는 다르지만, 얼얼한 맛이라는 공통점이 있다. 또, 떡볶이 소스와 훠궈 소스 모두 재료에 듬뿍 찍어 먹는 모양새라는 것도 유사하다. 그렇다 보니 훠궈의 스타일이 떡볶이에 영향을 끼친 것일까. 중국 현지에서 성업 중인 식당의 떡볶이 메뉴들은 떡볶이의 떡[年糕연고]에 훠궈(火锅)를 붙인 조합어로 표기한다.

다음은 다중뎬핑(大众点评)이라는 중국 최대 요식업 앱에 표기된 떡볶이 메뉴다.

메뉴를 보면 언뜻 떡볶이 메뉴라기보다 훠궈 메뉴로 보인다. 마치 불고기[烤牛肉年糕火锅], 부대찌개[部队年糕火锅], 해물찌개[海鲜年糕火锅], 불닭 요리[辣火鸡年糕火锅]에 떡볶이 떡이 부재료로 들어간 듯하다. 한국 떡볶이의 재료 구성이 중국인의 입맛에는 무언가 허전한 느낌으로 다가간다는 것을 알 수 있기도 하다. 또, 치즈가 모든 재료를 덮을 만큼 많은 양이 추가되는 옵션도 선택 가능하다. 떡볶이의 매운맛을 중화시키려는 목적으로 치즈의 부드러움을 활용한 사례다.

현지화에 성공한 떡볶이를 보면 중국인이 좋아하는 식습관이 눈에 보인다. 앞서 반복해서 언급한 대로, 중국인은 식재료 자체의 심플하고 담백한 맛을 즐기는 데 익숙하지 않다. 오히려 이런 요리는 맛이 없다고 혹평한다. 최근에는 중국인이 운영하는 한식당에서도 떡볶이를 판매한다. 메뉴판을 보면 떡볶이의 중문 표기를 차오녠가오(炒年糕)로 표기한 게 눈에 띈다. 한국어로 해석하면 '떡을 기름에 볶는다'는 뜻이다. 생김새나 색상은 한국의 떡볶이와 흡사하지만, 우리가 아는 맛과는 많이 다르다.

중국식 떡볶이를 만드는 과정을 살펴보면, 우선 중국인에게 익숙한 기름 맛을 내기 위해 떡볶이에 넣을 채소를 기름에 살짝 볶는다. 여기에 양념 또한 고추장과 설탕뿐 아니라 기호에 따라 식초, 간장, 토마토케첩 등을 다양하게 추가한다. 이런 조리법을 통해 고추장의 매콤한 맛에 평소 중국인에게 익숙한 복합적인 맛을 만들어내는 것이다. 한국식 빨간 고추장에 떡과 생채소(양파, 양배추)만 넣고 만든 매운 떡볶이는 중국 한인타운에서나 볼 수 있다. 떡볶이 떡과 매운 고추장에 설탕으로 간을 맞추고, 채소 몇 종류를 넣는 한국식 떡볶이는 떡볶이의 정체성을 증명하는 정도의 역할만 할 뿐이다.

이런 오리지널 떡볶이는 중국인이 반복해서 먹기에는 동기부여가 충분치 않다. 그래서 매운 떡볶이는 다양하고 푸짐함을 좋아하는 중국인의 식습관을 만족시키려고 다양한 식재

중국 현지화에 성공한 한국의 떡볶이

료와 양념이 첨가된 중국식 훠궈 형식을 빌리게 됐다. 거기에 더해, 고추장의 매운맛이 자칫 속에까지 부담 줄 것을 우려해 치즈라는 보완 식재료를 사용했으며, 끝맛을 기름을 활용해 잡아준다.

또, 중국에서는 한국식 매운 국물 맛이 일품인 국물 떡볶이를 찾기가 어렵다. 쉽게 생각하면, 국물이 많은 떡볶이가 국물에 재료를 익혀 먹는 훠궈와 비슷해 중국식 식문화에 더 가깝다고 볼 수도 있다. 하지만 역설적으로, 이 지점이 국물 떡볶이의 현지화 안착에 장애가 된다.

중국에는 '훠궈(마라탕) 국물도 마실 놈'이라는 표현이 있다. 이 말은 훠궈의 매운 국물을 마실 정도로 독하거나 식탐이 과한 사람을 가리키는 비하의 표현으로 사용된다. 이런 관용어가 있을 만큼 중국에서는 훠궈 국물을 마시는 게 금기시돼 있다. 마시는 경우가 전혀 없지는 않다. 버섯으로 육수를 내거나 닭육수(鸡汤)를 사용하는 경우다. 다만 그때도 훠궈 식재료인 고기, 채소, 해산물 등을 넣기 전 첫 탕을 마신다. 한국의 탕처럼 마시는 경우는 보양에 좋은 특수한 목적일 때를 제외하면 거의 없다.

우리가 추운 날 길거리 포장마차에서 뜨거운 어묵 국물이나 국물 떡볶이의 국물을 마시는 것 같은 일은 일어나지 않는다. 매운맛을 내는 고추장이나 마라, 화자오 등은 중국인에게 매운맛을 내게 하는 조미료이지 먹어서 보양이 되는 영양식이 아니기 때문이다. 따라서 한국식 매운 떡볶이가 재료의 다양함과 푸짐함에서 훠궈 개념을 빌리고 기름기까지 옵션으로 가미해 중국인의 입맛에 맞게 현지화가 진행된 반면, 국물 떡볶이는 훠궈의 국물을 마시지 않는 중국의 식문화 때문에 자리매김이 애매해졌다.

떡볶이 사례를 통해 매운맛에 관한 중국인의 식습관 단면과, 식재료 자체의 맛뿐 아니라 식재료가 어떤 목적과 이유로 중국인의 호불호에 영향을 끼치는지 알아봤다. 또, 한 문화권의 음식을 단순히 맛으로만 접근했다가 보이지 않는 장벽에 부딪힐 수 있다는 교훈도 얻을 수 있다. 과거 한국 식품업계는 중국 여행객들이 고추장을 풀어 넣은 찌개류를 먹지 않는다고 해서 중국인이 고추장을 싫어한다고 단정 지었던 적이 있다. 중국인의 식습관을 잘 모를 때이니, 모든 원인과 이유를 고추장으로 귀결시킨 것이 이상한 일은 아니었다. 그러나 한중 간 교류가 폭발적으로 늘고 양국의 맛을 서로 공유하고 즐기는 현재에도 우리는 여전히 국물 떡볶이와 같은 사례를 간과하는 경향이 있다.

사실 재료의 차이가 음식의 선호도에 영향을 끼치기는 하지만, 가장 중요한 요소는 아니다. 재료보다 더 중요한 것은 현지인의 기호에 영향을 주는 식문화에 관한 이해다. 식문화는 쉽게 말해 식습관이다. 한국의 맛이 식습관이 반복돼 쌓여 형성된 것이라면 중국의 맛 또한 같은 맥락에서 설명된다. 떡볶이 사례처럼 한중 간 맛의 차이를 단편적인 미각으로만 구별하지 말고 맛 차이를 만드는 식습관을 살펴보는 것이 양국 간 맛 차이를 구분해내는 중요한 열쇠가 될 것이다.

한국 밥상의 터줏대감 김, 중국 식탁에 오르기

김이 모락모락 나는 따끈한 쌀밥을, 참기름, 들기름을 발라 살짝 구워낸 김에 돌돌 말아 한 입에 쏙 넣으면 그 향긋하고 짭짤한 맛은 환상의 궁합을 자랑한다. 김은 한국인에게 오랫동안 사랑받아온 반찬이자 한국이 세계적인 산지로 인정받는 대표 식품이다. 더 나아가 김은 한국이 종주국 위상을 부여받은 몇 안 되는 국보급 식재료다. 최근에는 아시아를 넘어 아메리카와 유럽에서까지 세계인의 사랑을 받으며 식품 시장에서 급성장하고 있다. 가장 한국적인 맛이 가장 세계적인 맛이라는 말을 김을 통해 실감할 수 있다. 한국의 김은 세계의 식탁에서 점점 사랑받으면서 한식 세계화에도 큰 공헌을 하고 있다.

가까운 이웃 중국에서의 반응은 어떨까? 중국에서도 소득이 증가하며 영양이 풍부한 먹거리에 대한 관심이 커졌다. 이에 따라 김 소비도 늘어나고 있다. 그런데 내용을 들여다보면, 중국에서는 김이 한국에서처럼 반찬으로 밥상에 오르기보다는 술안주나 스낵 등 간식으로 자리매김하고 있다. 밥을 주식으로 하는 한국에 비해 다양한 주식과 반찬을 가진 대륙 식탁에서 굳이 김까지 먹을 필요는 없다는 것만으로는 충분한 설명이 되지 않는다. 간식류는 당연히 반찬보다는 먹는 양이나 횟수가 적기 때문에 김이 반찬으로서 밥상에 오르는 편이 소비량이나 존재감을 키우는 데 훨씬 도움이 된다.

한국의 김이 중국에서는 왜 식탁에 오르지 못할까? 여러 설이 난무하지만 이 궁금증을 해결할 만한 답안은 쉽게 보이지 않는다. 그러나 예로부터 김은 한국, 중국, 일본에서 주로 생산돼왔기 때문에 중국의 김을 주제로 한 식문화를 살펴보는 것도 궁금증 해소에 도움이 될 것이다. 이를 통해, 한국의 김이 중국의 식탁에서도 사랑받는 식재료가 되려면 어떤 노력이 필요한지 살펴보자.

중국의 대표적 김 재배지는 랴오닝, 산둥, 저장, 장쑤, 푸젠, 광둥 등 바다에 인접한 지역이다. 한국은 김의 종류를 분류할 때 김의 두께와 성분, 향에 따라 돌김, 파래김, 곱창김 등으로 구분한다. 이에 반해 중국은 김을 통칭해 쯔차이(紫菜자채)로 부르며, 주로 김을 조리해 가공한 요리 형태로 종류를 나눈다. 왜일까? 김을 먹는 식문화가 한국과 다르기 때문이다.

한국에서 김을 먹는 방식은 주로 마른 김에 식용 기름을 바르고 소금으로 간을 해 살짝 구워 밥에 싸서 먹는 것이다. 따라서 한국인의 입맛에는 김 자체의 향과 맛이 꽤 까다로운 선택 기준이 된다. 이와 달리 중국의 김 섭취 방법은 쯔차이로 불리는 김뭉치(坛紫菜단쯔차이)를 넣어 김국을 끓여 먹거나 김튀각(자반)처럼 튀겨 먹는 것이다. 김 산지의 주요 김 요리로는 김달걀탕(紫菜蛋花汤쯔차이단화탕), 김무침(凉拌紫菜량반쯔차이), 김달걀볶음(紫菜炒鸡蛋쯔차이차오지단), 김튀김(酥炸紫菜수자쯔차이)

중국인이 김을 즐기는 방법

등이 있다. 즉, 중국인 입맛에 김은 자체의 품질도 어느 정도는 중요하지만, 요리의 한 구성품이라 한국만큼 향과 맛의 디테일을 추구하지 않는다. 그나마 이 정도의 김을 접해본 경험도 김 산지에 사는 중국인에 국한된다.

내륙의 중국인이 김을 잘 먹지 않는 것은 김을 원래 싫어한다기보다는 먹어본 경험이 적어 낯설기 때문이다. 가뜩이나 내륙에도 채소가 풍부한데, 굳이 익숙지 않은 해초를 바다 비린내를 맡아가며 먹을 필요성을 느끼지 못한다. 하지만 최근 김의 영양 성분과 인체에 끼치는 좋은 효과가 알려지면서 중국인의 생각도 점차 바뀌고 있다. 특히 해조류에는 몸에 좋은 성분이 많이 함유돼 있고, 이런 영양소가 내륙의 먹거리로 채워지지 않는다는 사실이 알려지면서 김을 찾는 중국인이 늘어나고 있다. 이 점은 한국의 김이 중국인의 식탁에 한층 가까이 다가갈 수 있는 좋은 기회다. 이 기회를 잡으려면 한국의 김이 중국인에게 밥상 위의 반찬보다 간식 개념으로 더 선호되는 이유를 알아야 한다.

먼저 중국인의 식습관을 들여다볼 필요가 있다. 실제로 중국 식품 시장에서는 중국인의 간식거리로 한국의 조미 김과 같은 제품이 널리 유통되고 있다. 그런데 중국 마트의 스낵 코너에서 살 수 있는 김 제품들을 보면 한국의 조미 김과 다른 점이 몇 가지 있다. 첫째, 크기가 한국의 조미 김보다 보다 작고 손으로 집어먹기 편한 크기로 포장돼 있다. 당연히 밥에 싸 먹는 용도가 아니라 간식 용도에 맞는 포장 방법이다. 둘째, 한국의 조미 김이 참기름 또는 들기름으로 향긋한 감칠맛을 낸다면 중국의 간식용 조미 김은 중국식 간장으로 맛을 낸다. 특히 이 부분을 깊게 생각해볼 필요가 있다.

중국인이 기름 맛에 익숙하고 기름진 음식을 선호하는 것은 맞다. 동시에 기름의 신선도를 중요시한다. 따라서 최소 몇 개월간 유통해야 하는 김 가공 제품에 기름을 쓰는 것을 꺼리는 것은 당연한 이치다. 기름은 아무리 포장을 잘해도 맛이 변질되기 쉽고 자칫 찌든 기름 맛이 날 정도로 유통 과정이 길어지면 중국인에게 쉽게 외면당한다. 또한, 한국인에게는 김의 바다내음이 기름에 발려 구워지면 향긋하게 다가오지만, 중국인에게는 기름으로 비릿한 바다내음을 감추기보다는 간장의 강한 향으로 덮는 것이 더 궁합이 맞는다.

중국 여행객이 한국 여행을 왔다가 귀국할 때 사 가는 김 품목을 보면 다양한 맛의 조미 김들을 선택하는 것이 눈에 띈다. 단순히 소금만 뿌린 것이 아닌 '와사비 맛 김'부터 '김치

맛 김'까지, 중국 여행객에게 김을 좋은 간식으로 어필하기 위한 노력이 많이 이루어지고 있다. 하지만 중국 여행객이 김을 구매한 용도나 양을 보면 선물용 또는 단기간에 먹을 양만 사는 경우가 대부분이다. 기름을 사용해 제조한 김의 보관 기간이 길어질 경우 맛이 변질될 것을 우려하기 때문이다.

아직까지 한국의 김 가공식품 중에서 우리의 감칠맛 나는 간장으로 만든 조미 김은 눈에 띄지 않는다. 몇몇 기업에서 김자반에 간장을 사용한 사례는 있지만, 일반적으로 밥에 싸 먹는 조미 김에 간장을 사용하는 경우는 매우 낯설다. 생각해보면 한국인도 밥반찬으로 마른 김을 간장에 찍어 먹기도 한다. 따라서 간장을 사용하는 것이 아주 근본 없는 레시피는 아니다. 중국인에게 더 호감 가는 김 레시피로, 또 더 익숙한 방법으로 김 상품을 개발해보는 것도 중국인의 밥상에 김을 올리는 좋은 시도가 될 수 있다.

푸젠성에서 자주 먹는 쯔차이탕(김국)이나 김튀각을 참고하면 좋은 김 상품을 개발할 수 있을 것이다. 한국의 김처럼 천편일률적으로 반듯한 사각형 형태의 조미 김만 만들 것이 아니라 쯔차이탕이나 김튀각으로 활용할 수 있는 고품질 김 상품을 만들어보는 것도 좋은 시도가 될 것이다. 물론 세부적으로 조미 재료나 향신료의 선택, 맛의 강도, 포장 규격 등도 중국인의 식문화에 맞춰 하나씩 풀어가야 한다.

중국의 식탁에 오르는 식품의 종류와 품질 수준은 하루가 다르게 변화하며 수요가 다양해지고 있다. 이런 변화는 중국의 맛이 과거의 케케묵은 식문화나 선입견에 머물러 있지 않다는 메시지를 우리에게 전달한다. 시시각각 새로운 세대를 중심으로 변화하는 중국의 식문화를 제대로 분별하고 적용할 줄 알아야 시장을 넓힐 수 있다. 김과 같은 한국의 대표식품도 과거의 호기심에서 구매하던 때의 상품 형태에서 이제는 좀 더 중국인의 입맛에 가까워질 때가 온 것이다. 이를 통해 한국의 김이 중국인의 밥상에 오르는 식품으로 업그레이드된다면 세계적인 김 생산국이라는 한국의 명성을 더 빛내는 계기가 될 것이다.

한국 마른오징어 vs 중국 육포

여행길 기차 안에서 먹는 심심풀이 간식이자 친한 친구들이나 가족 모임에서 늘 가까이 접하는 술안주인 마른오징어는 한국인이라면 누구나 부담 없이 즐기는 국민 간식이다. 한국인이 마른오징어를 이토록 좋아하는 이유가 단지 '맛이 좋아서'라고 하면, 뭔가 부족한 느낌이다. 국토의 삼면이 바다로 둘러싸여 있고, 그래서인지 육류보다는 바닷고기를 보존하기 쉽게 가공해 먹어왔던 식습관 때문이라는 부차적인 설명을 덧붙이면 조금은 이해의 폭이 넓어진다. 이렇듯 음식에 대한 기호가 맛으로만 이해되지 않는 경우, 지리적인 요인이나 전통적인 생활습관에서 맛을 선호하는 원인을 찾아볼 필요가 있다.

한국과 중국은 주식뿐 아니라 간식류에서도 좋아하는 맛의 차이를 느낄 수 있는 부분이 많다. 여기에서는 마른오징어와 육포를 통해 양국의 맛 기호 차이를 짚어보자. 마른오징어와 육포는 양국의 식문화 차이를 종합적이고 상대적인 관점에서 살펴볼 수 있는 좋은 사례이기 때문이다.

육포는 한국의 마른오징어처럼 중국에서 가장 흔하게 접할 수 있으며, 남녀노소를 불문하고 폭넓게 사랑받는 국민 간식이다. 한국의 마른오징어와 중국의 육포는 양국 소비자의 입맛을 비슷하게 충족시켜주는 간식이지만, 한국의 마른오징어를 중국인에게 건네면 기대와는 전혀 다른 반응이 나온다.

입이 심심하거나 무언가 씹고 싶다는 생각이 들면, 우리는 단연 마른오징어를 떠올린다. 이럴 때 중국인은 육포를 찾는다. 어느 나라 음식이든, 먹고 싶은 것을 찾을 때는 나름의 분명한 이유가 있다. 그 이유를 하나씩 살펴보면 알쏭달쏭한 의문점이 의외로 쉽게 풀린다. 마른오징어와 육포에 대한 양국의 선호도는 어디에서 기인할까?

첫째는 지리적인 원인이다. 한국에서는 바닷가나 해수욕장을 가보지 못한 사람이 거의 없을 정도로 바다가 가깝다. 당연히 대부분의 한국인은 해산물을 접해봤고, 더 나아가 즐겨 먹는다. 반면, 중국인은 일부 연해 지역에 사는 사람들 말고는 해산물보다 육고기 또는 강과 호수에서 나는 민물고기에 더 익숙하다. 입이 심심하다는 중국인에게 마른오징어를 들이민다면 당장에 돌아오는 반응은 '비리다'일 것이다. 한국인에게 익숙한 오징어의 비린 맛은 중국인에게는 고역일 수 있다.

특히 민물고기의 비린 맛보다 바닷물고기의 비린 맛에 민감한 중국인의 입맛을 감안하면, 이런 경향은 앞으로도 크게 바뀔 일이 없어 보인다.

둘째는 식감의 차이다. 우리는 마른오징어를 불에 살짝 구워 결을 따라 손으로 찢어 마요네즈 또는 고추장을 찍어 질겅질겅 씹어 먹는다. 중국인도 마른오징어를 식재료로 사용하기는 하지만, 먹는 방법은 완전히 다르다. 중국인은 마른오징어를 물에 불려 부드럽게 한 뒤 중국식 양념을 곁들여 볶아 먹는 경우가 많다. 한국인이 선호하는 정도의 딱딱하거나 질긴 식감에 대한 선호도가 낮기 때문에 마른오징어를 물에 불려 먹는 것이다.

얼핏, 마른오징어나 육포 모두 건조 식품이라 식감이 비슷할 것이라고 생각하기 쉽다. 그러나 실제로 먹어보면 식감의 차이가 꽤 크다는 것을 금방 알 수 있다. 고기를 건조해 만드는 육포에는 습기가 거의 없거나 매우 적을 것 같지만, 중국에서 판매되는 육포는 마른오징어에 비하면 훨씬 부드럽다. 중국의 육포는 마른오징어처럼 바짝 말린 느낌보다는 고기의 기름기를 상당히 남겨두는 정도로 말려 촉촉한 느낌을 준다. 당연히 촉촉한 식감이 건조하고 딱딱한 식감보다 먹기에 편

중국의 육포는 러우간(위)과 러우푸(아래), 둘 다
촉촉한 식감을 준다는 공통점이 있다.

하다. 딱딱한 식감에 거부감을 느끼는 중국인의 식습관을 고려하면 주목해야 할 차이다.

중국의 육포는 만드는 방법에 따라 크게 러우간(肉干육간)과 러우푸(肉脯육포)로 나눌 수 있다. 러우간은 고기를 얇게 썰어 양념 없이 또는 양념한 후 바람이나 불기운에 살짝 말린 것으로, 고기의 결이 잘 보이며 씹히는 식감이 있다. 기름기와 잡내가 적은 쇠고기로 만든 러우간이 가격도 비싸고 중국인이 즐겨 찾는 상품이다. 러우푸는 러우간과 조리법이 유사하지만, 고기를 다져 양념한 뒤 건조한 것이라 고깃결이 보이지 않는다. 다진 고기로 만들어 식감이 부드럽기에 치아가 약한 유아나 노인도 먹기 편하다는 장점이 있다. 주로 기름기가 많은 돼지고기로 만든 비첸향 같은 육포가 대표적인 러우푸라 할 수 있다.

세 번째는 조미의 차이다. 한국인은 오징어 본연의 짭짤한 맛을 좋아한다. 여기에 오징어의 풍미를 돋우려고 마요네즈나 고추장을 곁들여 먹는 경우가 대부분이다. 중국인은 복합적인 맛을 더 선호하는 경향 때문에 육포에 설탕 등을 넣어 달콤하게 조미하거나 오향, 마라, 쯔란 등 다양하고 독특한 향신료를 사용해 조미하는 경우가 많다.

위에 열거한 마른오징어와 육포의 차이점을 정리해보면, 지리적인 차이, 식감의 차이 그리고 조미의 차이로 요약할 수 있다. 이런 차이는 오랫동안 양국의 식습관에 영향을 끼쳤다. 이런 식습관은 곁들여 먹는 음식의 차이까지 만들었다. 마른오징어는 한국에서 맥주나 소주와 함께 술안주로 소비된다. 반면, 중국의 육포는 출출할 때 허기를 달래주는 간식으로 더 애용된다. 물론 술안주로 먹을 때도 있지만, 한국의 마른오징어만큼 일반적이지는 않다.

이렇게 식습관이 음식 맛에 끼치는 영향은 단순하면서도 강력하다. 맛을 맛 자체로만 판단하기가 어려운 이유다. 어찌 보면 맛은 사람의 혀끝 감각이 남긴 기억이면서 동시에 그 나라의 식습관과 지리적 환경이 투영된 개념이기도 하다. 그래서 맛을 단순히 혀끝으로만 느껴서 인식하는 것과 맛의 근본을 이해하는 것 사이에는 큰 차이가 있다.

마른오징어와 육포처럼, 겉으로 보기에는 비슷하지만 속을 들여다보면 한중 간 상당한 차이를 보이는 음식이 많다. 먹고 즐기는 목적에서야 문제가 될 것이 없지만, 조금 더 깊이 있게 맛을 탐구하려는 입장에서는 식문화와 연관된 사항들을 아울러 음미해볼 것을 권하고 싶다.

유자차 마시는 한국, 진피차 마시는 중국

중국은 차의 본고장이자 차 애호가들의 나라다. 연간 224만 5,000톤을 소비하는 엄청난 규모의 중국 차 시장에 도전장을 내민 한국의 차들을 중국에서 간혹 만난다. 다만, 시장 규모에 대한 기대와 달리 한국에서 인기가 많은 보리차, 둥굴레차, 유자차 등은 중국 시장에서 큰 호응을 얻지 못하고 있다. 그 원인은 한중 간 식문화의 차이에서 기인한다.

앞선 글에서 예로 든 떡볶이, 김, 오징어와 같은 먹거리에 비하면 차는 한국과 중국에서 모두 친숙한 식품이다. 한국을 비롯해 일본, 대만 등은 차 종주국인 중국의 차문화를 공유하고 있다. 이런 배경 때문에 언뜻 한국인의 차에 얽힌 경험과 맛에 대한 기호가 중국인의 그것과 별반 다르지 않을 것으로 생각하기 쉽다. 하지만 실제 양국 대중이 개념으로 이해하는 차와 일상생활에서 즐기는 차의 종류, 선호하는 차 맛에는 사뭇 다른 점이 많다. 차의 이미지를 떠올리면 가장 먼저 녹차를 생각하지만, 한국인이 일상에서 자주 마시는 차는 보리차, 유자차, 생강차와 같은 대용차가 많다. 반면, 중국인은 녹차, 우롱차, 백차, 홍차 등과 같은 우림차(침출차)를 여전히 많이 마신다.

사실, 차는 매우 광범위한 주제다. 짧은 글로 한중 간 차문화의 차이점을 다룬다는 것은 어불성설이다. 따라서 여기서는 관심사를 좁혀, 양국이 오랜 기간 차문화를 공유했는데도 차이가 생겨난 배경은 무엇이고, 결과적으로 차 맛에 대한 기호 차이는 어떠한지 살펴보도록 하자.

전문적이고 자세한 배경들은 차치하고, 한중 간 일상의 차 기호에 대한 차이점을 만든 큰 배경을 보자. 그러면 차나무 식생과 식문화적 차이점, 두 가지 요인으로 좁혀진다. 차나무로부터 찻잎을 채취해 만든 차를 우림차라고 하는데, 이 형태의 차는 중국이 발원지이며 세계적인 대규모 산지 또한 중국에 많아 그만큼 생산량이 많다. 다만, 차나무의 주 재배지는 북위 35도 이하에 위치해 있다. 지역으로 보면 중국 허난(河南)성 정저우(鄭州)를 경계로 그 이남에 대부분 자리해 있다. 정저우보다 위도가 더 높은 지역은 기후 조건이 맞지 않아 대규모 차 산지를 찾기 어렵다.

우리에게 익숙한 녹차는 장쑤성, 저장성에서 나고, 정산샤오중(正山小种정산소종), 다훙파오(大红袍대홍포) 같은 홍차·우롱

차는 푸젠성에서 난다. 최근 가장 주목받는 보이차의 주산지는 윈난성이다. 넓은 영토를 자랑하는 중국에서는 다양한 기후 조건에서 나름의 방식으로 만들고 숙성된 차들이 '지역명+찻잎 가공 방식'으로 브랜딩돼 시장에 나온다. 이에 반해, 한국의 대규모 차나무 재배 지역은 차의 북방 한계선 이남에 있는 지리산과 무등산 자락, 더 아래로 최근에 기업형 재배지가 늘어난 제주도에 집중돼 있다. 하지만 중국보다 차나무 경작지가 적고 기후적 특징으로 인해 예로부터 생산량과 품종이 적다. 재배량이 적다 보니 가격 역시 비싸, 우림차는 일상에서 대중에게 애용되는 기호품으로 폭넓게 자리 잡지 못했다.

차의 경작지가 적어 가격이 비싸다는 지리적·경제적 이유 외에 중국식 우림차가 한국에서 널리 퍼지지 못한 더 근본적인 이유는 따로 있다. 바로 우리가 앞서 다룬 식문화의 차이 때문이다. 마시는 목적으로 본다면, 차는 약리적 효과가 있는 기능성 음료라 할 수 있다. 차에 함유된 복잡한 성분들이 인체의 생리 기능 활성에 직접적 영향을 주는 것으로 알려져 있는데, 최근 과학이 발달하면서 다양한 효능이 새롭게 발견되고 있다. 우리에게 가장 널리 알려진 효능은 정신을 맑게 하는 각성 효과와 장기간 마실 때 얻을 수 있는 체중 조절 효과다.

식문화의 차이로 인해 차에 대한 기호가 갈린 것이 바로 이 체중 조절 효능 때문이다. 이 효능은 기름기가 많은 음식을 먹는 식문화를 가진 중국인과 기름기가 적은 음식을 먹는 식문화를 가진 한국인에게 큰 기호의 차이를 만들었다.

차의 성분인 카테킨(catechin)은 혈액 중 지방산 농도를 감소시킨다고 한다. 특히 식후 몸 안에 들어온 포도당으로부터 지방의 합성을 억제하고 지방 분해를 촉진한다는 연구 결과들이 있다. 녹차 종류가 특히 이 효능이 뛰어나다고 한다. 중국인이 늘 차를 곁에 둔다는 것은 그만큼 중국인의 식탁에서 기름기를 빼놓을 수 없다는 의미다. 어떻게 그렇게 많은 기름기를 매일 섭취하고서도 중국인이 각종 성인병으로부터 건강을 유지할 수 있는지 가끔은 신기하기도 하다. 1장에서 차를 마시는 습관과 식문화가 비만을 예방한다는 것은 일종의 신화라고 언급했지만, 일면 도움이 되는 것은 부정할 수 없다. 바쁜 현대에도 중국에서는 차를 담은 휴대용 텀블러를 들고 다니는 사람들의 모습을 어렵지 않게 볼 수가 있다. 반면, 체중 조절 효능이 필수적으로 요구되는 식문화 속에서 살지 않는 한국인은 차를 마시는 습관을 중국인만큼 발전시키지 않았다. 대신 한국의 차문화는 기능성보다 다양한 맛의 특징을 더 발전시켰다.

중국의 10대 명차라 일컫는 차들의 면모를 자세히 보면, 근본적인 재료는 차나무의 잎으로 동일하다. 맛의 차이는 찻잎의 수확 시기, 재배 지역의 기후, 가공 방법 등의 차이에 따라 나타난다. 그러나 우림차의 성격상 가공법의 정성과 정교함, 차 맛의 깨끗함과 은은한 깊이, 뒷맛의 여운이 주는 감각 등이 주로 맛 평가의 기준이 된다. 반면, 한국에서 대중적으로 자주 찾는 대용차는 희소한 차나무 잎보다는 보리차, 둥굴레차, 유자차, 모과차, 생강차, 대추차, 율무차 등과 같이 주로 각종 열매나 과일을 끓여 탕으로 마시거나 설탕, 꿀에 재워 청 형태로 만들어 뜨거운 물에 풀어 마시는 형태가 주종을 이룬다. 당연히 중국의 차문화와는 많은 부분이 다르다. 한국의 식문화는 지방 분해라는 기본적 효능을 필수적으로 고려할 필요가 없었기 때문에 다양한 천연 재료를 차문화에 녹여냈다. 이러다 보니 자연스럽게 차 본연의 기능보다는 다양한 맛의 특징이 더 두드러진 형태로 발전했다.

양국의 차에 대한 서로 다른 기호를 가장 쉽게 보여주는 예가 한국의 유자차와 중국의 진피차다. 유자차와 진피차는 모두 전통적인 차나무 잎이 아니라 감귤류의 과일을 재료로 한

감귤류 과일을 주재료로 한 차이지만,
청으로 만들어 물에 타고,
말린 껍질을 우려내 마시는 차이가 있는 양국의 대용차

대용차다. 그런데 만드는 방법을 보면 두 차가 다르다. 유자차는 과육을 설탕이나 꿀에 재워 청으로 만들고, 진피차는 이름대로 껍질을 그대로 말려 만든다. 맛 차이를 비교하면, 한국의 유자차가 유자의 신맛에 청에서 배어나는 달콤함이 더해져 맛이 더 다채롭다. 진피차는 껍질의 특성상 다소 쌉싸름한 맛이 향긋한 귤 향과 함께 올라오면서 은은한 맛을 낸다. 어떤 목적으로 차를 만들고 마시는가의 차이가 대용차를 만드는 방법에서도 드러나는 점이 흥미롭다.

정리해보면, 한중 간 차 맛에 대한 기호 차이는 차 맛 자체에 대한 기호를 판단하기에 앞서, 차를 마시는 목적과 용례를 이해해야 더 명확해질 수 있다. 중국에서 차는 기름기 많은 식문화에 꼭 필요한 생활필수품으로 인식되는 반면, 찻잎을 쓰지 않는 한국의 대용차는 전통적인 차라기보다는 기능성 음료 또는 전혀 예상치 못했던 새로운 먹거리로서 인식될 수 있다.

요즘 중국의 온라인 판매망에서 한국산 유자차를 취급하는 모습이 심심찮게 눈에 띈다. 흥미로운 점은, 유자차를 사용하는 방법을 소개하는 화면에 차로서 어떻게 마시는지의 방법을 보여주기보다 유자차를 어떻게 먹으면 맛있는지를 홍보

한다는 점이다. 한국의 대용차가 우리가 생각하는 티타임의 차로서 전달되는 것이 아니라, 기능성 음료나 잼 같은 조미 간식의 이미지로까지 확장된다는 점은 시사하는 바가 크다. 유자차뿐 아니라 여러 종류의 한국 차를 중국인이 일상에서 자주 접하고 애용하게 하려면 이런 식문화의 차이에 대한 통찰이 필요하다. 이를 통해 전통적 차 개념에서 벗어나 독특한 맛의 장점을 살려 다양하게 응용된 먹거리로서 중국 시장을 공략하는 좋은 방안을 찾을 수 있을 것이다.

중국의 맛에 더 가까이 다가가기

중국의 맛은 현재진행형

지금까지, 복잡하게 느껴지는 중국의 맛에 대한 퍼즐을 맞추며 한국의 맛과의 미묘한 차이점을 알아봤다. 지면의 제한으로 더 세세한 주제까지 다루지는 못했지만, 한중 간 맛 차이를 독자들이 쉽게 이해하는 데 도움이 됐기를 바란다.

책을 마무리하는 시점에도, 생동감 있게 당대 중국의 맛을 전달하는 데는 아직 2% 부족하다는 느낌을 지울 수 없다. 오늘도 시시각각 변화하는 사회에 맞춰 중국의 맛 또한 현재진행형이며 변화무쌍한 모습으로 우리에게 끊임없이 낯선 얼굴을 보이기 때문이다. 중국의 빠른 발전 속도에 따라 중국의 맛 또한 자연스레 변화한다. 실제 중국인은 새로운 맛에 열린 태도를 갖고 있다. 다양한 외래음식에 대한 호기심이 많고, 평이 좋은 음식은 중국 버전으로 바로 소화해낸다. 또, 최근 10여 년의 경제 발전이 중산층 확대 등 사회문화적으로 큰 변화를 일으키면서 식품업계에도 전에 없던 다양한 먹거리가 우후죽순 시장에 쏟아져 나오고 있다. 설상가상으로, 다양한 지역과 소비인구계층을 가진 중국의 특성 때문에 다양성이 커지며 각계각층에게 소구하는 맛의 종류도 빠르게 늘어나고 있다.

실용적으로 중국의 맛에 접근하려면 과거 중국의 맛을 개념화해서 그 자리에 머무르지 말고, 현재 변하고 있는 상황을 제대로 들여다볼 필요가 있다. 중국의 맛처럼 복합적인 특징을 띠면서 스펙트럼이 넓은 중국 시장은 다른 해외 시장보다 훨씬 입체적으로 봐야 한다. 오늘의 중국의 맛을 전통적인 맛의 기호와 식습관 등 기존의 경험만으로 대했다가는 변화하는 새로운 맛을 놓칠 공산이 크다.

중국의 변화 속도를 따라가려면, 지속적인 관심과 노력이 필요하다. 하지만 기준점이 되는 틀 없이 계속 판단의 잣대만 늘리면 혼란만 가중될 가능성이 크다. 그래서 책의 마무리는 필자들의 경험을 통해 중국의 맛이 지속적으로 변화하는 데 영향을 준 요인을 살펴보고, 여기서 한 단계 더 나아가 한국의 맛을 중국인에게 맞도록 현지화할 때 길라잡이가 될 수 있는 요소들을 정리해볼까 한다.

살아 움직이는 중국 식탁

중국 하면 먼저 떠오르는 인상은 대륙의 넓은 영토와 많은 인구다. 그러나 따져보면 넓은 영토와 많은 인구가 꼭 맛에 영향을 끼치는 선행요소는 아님을 쉽게 알 수 있다. 비슷한 면적의 땅을 가진 미국이나 러시아는 먹거리와 맛의 다양성을 중국만큼 갖지 못했다. 마찬가지로, 비슷한 인구를 가진 인도도 중국만큼 수많은 요리의 가짓수를 개발해내지는 못했다. 이는 과거의 식문화와 전통을 되짚어 연구하지 않더라도 쉽게 알 수 있는 사실이다. 게다가 최근 식문화의 변화 속도까지 더한 총체적인 역동성은 중국의 식탁이 살아 움직인다는 표현이 과장이 아님을 느끼게 한다. 현재진행형인 중국 식문화를 제대로 바라보기 위해 고려해야 할 요인을 크게 세 가지로 요약할 수 있다.

첫째, 국경이 없는 대륙 식탁.

중국의 면적은 한국의 96배에 달한다. 중국은 동북아시아부터 동남아시아와 중앙아시아 그리고 북쪽의 몽골과 시베리아까지 총 15개 국과 국경을 접한다. 땅이 넓은 만큼 열대우림부터 사막까지 10여 종류의 각기 다른 기후대에 걸쳐 있다. 게다가 국경 주변을 따라 50개가 넘는 소수민족이 자치구 지역에서 고유의 식문화와 전통을 지키며 삶의 터전을 이어가고 있다. 식문화는 해당 지역의 기후 환경과 재배 작물 그리고 거주민들의 오랜 전통과 문화를 담아내는 총체적 문화자산이다. 이런 관점에서 보면 중국 식문화가 다채로울 수밖에 없다는 사실은 쉽사리 짐작할 수 있다.

이런 배경 때문에 중국의 식문화는 비슷한 면적과 인구를 가진 어떤 나라들보다 더 다채롭게 발전할 수 있었다. 최근에는 공항, 고속도로, 철도가 중국 전역을 촘촘히 이어주며 각 지역의 특색 있는 먹거리와 식문화를 접해볼 기회가 급증했고, 이는 식문화의 변화를 더욱 가속하고 있다. 이에 따라, 쓰촨의 훠궈처럼 인기 있는 음식은 중국 어느 지역에서도 쉽게 즐길 수 있게 됐다. 비단 중국 국내 음식과 먹거리뿐 아니라 외국 먹거리를 일반 대중이 접할 기회도 늘어나면서, 중국의 맛 스펙트럼은 더 다양한 면모를 갖추게 되었다. 이 또한, 여러 국가와 인접한 지리적 특성을 근간으로 다양한 먹거리와 맛에 개방된 태도를 보이는 식문화에서 기인한다.

둘째, 전통과 혁신이 공존하는 '개발도상' 입맛.

최근 중국의 전통 식문화와 식습관이 빠르게 바뀌고 있음을 확인할 수 있다. 얼음은커녕 상온보다 낮은 온도의 냉수조차 마시지 않는 중국의 식습관은 필자들이 중국에 사는 동안 어지간해서는 바뀌지 않을 것으로 생각했다. 그 철옹성 같던 '냉음료 거부'의 식습관도 시대의 흐름에 따라 점차 변화하고 있다. 이제는 가까운 동네 편의점만 방문해도 냉장 매대에 생수와 커피류 등 각종 음료와 냉장 먹거리가 진열된 것을 쉽게 볼 수 있다. 또한, 예전에는 아이스크림이 더운 여름철 반짝 찾는 무더위 달래기용 먹거리였다면, 지금은 식후 디저트 개념으로 바뀌어 여름뿐 아니라 먹고 싶을 때마다 찾는 식품이 됐다. 이런 변화는 더 이상 '중국인은 냉수나 찬 음식을 먹지 않는다'는 명제를 무비판적으로 받아들이기 어렵게 만들고 있다. 변하지 않을 것 같던 식문화에 무엇이 어떻게 영향을 끼친 것일까?

최근 중국의 도시화율은 60%를 넘어섰다. 도시화율은 전국 인구 중 도시로 이주하여 거주하는 인구의 비율을 뜻한다. 즉, 14억 인구 중 8억 이상이 도시인구인데, 20년 전에 40% 수준에 머물렀던 것에 비하면 급증한 수치다. 생활환경이 빠르게 도시화하면서 스트레스가 증가하고 있으며, 이를 해소하는 방식에도 영향을 끼쳐 식문화에까지 변화를 유발하고 있다. 바쁜 도시 생활로 인해 배달업에 종사하는 사람이나 도시 내 일용 노동자가 늘면서 냉음료 수요도 늘고 있는 것이다. 물론 같은 제품이 여전히 상온 매대에도 진열돼 있다. 도시에 살지만, 건강과 웰빙을 따지는 계층은 여전히 찬 음료나 냉장 유통 먹거리를 꺼린다.

특히 사회문화적 변화가 많은 혁신을 일으키고 있다. 도시화가 가져온 소득 증가와 함께 노령화, 밀레니얼(MZ) 세대가 주 소비층으로 부상하고 1인 가구가 증가하는 등 많은 인구로부터 세분된 시장의 다각화도 과거와 선을 긋는 새로운 식문화 형성에 큰 영향을 끼치고 있다.

셋째, 신기루 같은 중국 시장.

흔히 중국의 맛을 구분 짓는 주제를 논할 때, 큰 권역으로 나누어 중국 8대 요리 등의 표현을 많이 쓴다. 이러한 분류는 권역별 지리적 특징에서 비롯된 먹거리 재료의 차이와 조리법의 차이를 나타낸다. 하지만 앞서 언급한 대로, 지금은 원한다면 중국 어디서나 8대 요리의 인기 요리를 먹을 수 있다. 그래서 어느 지역에서 어떤 맛을 더 선호하는지 따지는 것은 점점 의미를 잃어가고 있다. 오히려 각 권역 주요 도시의 소득수준이 증가하면서, 가처분소득과 구매력에 근거해 지역 소비자에게 인기를 끌 만한 먹거리 종류와 가격수준을 정하는 것이 더 유용한 판단 기준으로 바뀌었다.

이런 요소들 때문에 중국의 맛을 상품화하는 과정이 훨씬 복잡해지고 있는 것이 사실이다. 10여 년 전까지만 해도 한국의 맛을 중국에 홍보할 때 시장은 연안 도시의 주요 경제개발구에 국한됐다. 지금은 내륙의 중소 도시까지 시장이 확장되었고 시장의 계층구조도 더욱 다양해지고 있다. 최근 중국 통계에 따르면 주요 도시별 소비수준은 천차만별로 나타난다. 예를 들어, 중국의 성별 행정수도급 도시 간 소비수준 격차는 최대 30배가 넘게 나며, 그 하위에 해당하는 중소 도시들 사이의 격차는 최대 200배가 넘는다.

소비수준의 차이를 맛의 기호에 반영해보면, 그동안 이해했던 중국의 맛에 관한 식견과 원칙이 다르게 해석되는 경우를 볼 수 있다. 중국을 시장이라는 관점에서 바라본다면, 지역 간 소득과 소비수준 차이를 고려해야 한다. 특정 지역에서 선호하는 맛이라 해도 지역 간 차이를 감안하지 못한다면 그 시장은 '신기루'에 불과하다. 특히 중국 식품 시장에 진출하려 할 경우 어느 시장을 선택하느냐에 따라 눈앞에 있던 기회는 사라져버릴 수 있다. 똑같은 상품도 타이밍의 적절함과 지역의 특성에 따라 완전히 다른 결과를 낳을 수 있다는 점을 간과해서는 안 된다.

대륙의 식탁에 진출하려는 이들에게

끝으로, 중국 시장에 출사표를 던진 한국의 맛이 어떻게 상품화로 이어지는지에 대한 제언으로 책을 마무리하려 한다. 한중 수교 30년이 되는 시점에 중국 진출이 이미 늦은 게 아니라 직기라는 표현은 생뚱맞게 들릴 수 있다. 지난 30년간 한국의 맛을 중국에 부단히 소개한 입장에서 과연 중국 식탁의 몇 퍼센트나 경험했을까 생각해봐도 그리 큰 숫자가 나오지 않을 것 같다. 바로 이것이 왜 지금이 중국 진출에 적기인지 답이 될 수 있다.

대륙 시장의 수요가 작을 때는, 수출국 입장에서 중국의 넓은 면적이 실제 시장 규모에 비해 비효율적인 측면이 있었다. 지난 30년은 그런 의미에서 미래의 중국 식탁 공략을 위해 투자한 시기로 볼 수 있다. 이제부터가 본격적으로 중국 식품 시장이 커지는 시기라는 말이다. 코로나19 등 세기적인 위기로 자칫 흘려보낼 수 있는 대륙 식탁의 변곡점에 중국의 맛에 관심 있는 독자뿐만 아니라 중국 식품 시장 진출을 위해 출사표를 낸 기업에 도움이 될 만한 제언을 하고 싶다.

첫째, 차별화.

차별화는 경쟁이 심한 시장에서 언제나 화두가 된다. 중국 시장은 그중에서도 요구되는 수준이 남다르다. 맛의 종류와 요리의 가짓수 측면만 놓고 볼 때 중국은 세계 1위의 식품 시장이다. 예로부터 다양한 식문화와 먹거리를 전승했기에, 중국인의 입맛에 차별화된 맛이 무엇인지 찾는 것은 어려울 수

밖에 없다. 워낙 다양한 맛과 다채로운 요리에 익숙한 중국인에게는 외국 음식의 다소 이질적인 맛이 오히려 호기심 구매를 일으키는 긍정적 요인으로 작용하기도 한다.

이런 특징을 가진 중국 식품 시장에서 식품을 맛으로 차별화하는 것은 모래밭에서 바늘 찾는 격과 같다. 그래서인지 많은 수입 식품에서 자주 쓰는 홍보 문구는 맛과 관련된 장점이나 특징을 설명하기보다 '청정 지역에서 생산' 또는 '믿을 수 있는 품질' 등 식품안전과 신뢰를 연상시키는 단어들이 주를 이룬다. 맛을 설명하지 않고 먹거리를 판매한다는 점이 아이러니하게 들릴 수 있겠지만, 워낙 다양한 맛에 대한 경험도가 높은 중국인의 입맛에 새로움과 차별화된 맛으로 인정을 받기란 쉽지 않다.

이런 이유로, 한국의 맛을 담은 많은 먹거리 중 중국에서 환영받는 제품의 종류도 사실상 제한적이다. 주로 인삼이나 김처럼 중국 시장에 없거나 생산량이 적은 한국의 특산품, 아기 분유같이 식품안전상 중국 제품에 대한 불신이 큰 품목, 그리고 라면, 과자 같은 각종 가공식품처럼 식품 가공 기술 부족으로 중국산 식품이 만족할 만한 품질을 담보하지 못하는 식품들에 안정된다. 즉, 그동안 한국의 맛을 담은 K-푸드가 중국 시장에 진출할 때 중시한 전략에서는 중국인 입맛보다는 우수한 품질과 신뢰도 쪽이 더 큰 영향력을 발휘했다.

우수한 품질과 신뢰도에 더해 중국인의 혀끝까지 만족시키는 맛을 겸비하면 한국의 먹거리가 중국인에게 훨씬 더 가깝게 다가설 수 있다는 게 필자들의 시각이다. 최근 빛의 속도로 변화하는 중국의 면모는 맛에서도 분명 큰 변화를 촉진하고 있다. 어렵게만 느껴지던 맛의 차별화에 대한 접근 방법을 바로 여기서 찾을 수 있다.

앞선 절에서 언급한 바와 같이, 현재 중국은 기존의 식문화와 먹거리의 다양성이 사회경제적 변화로 한 번 더 세분화하는 시점에 있다. 큰 면적의 시장은 교통과 온라인의 발달로 공간적으로 훨씬 더 가까워져 역동성이 증가했다. 도시인구 및 1인 가구의 증가, MZ 세대의 주 소비층 부상 등 일상의 필요에 의해 서구적인 식문화가 어느 때보다 보편적으로 받아들여지며, 옛것과 새로운 것이 서로 공존하는 추세로 나아가고 있다. 이 점은 시사하는 바가 크다. 과거처럼 물리적 시장은 크지만 소득수준에 따른 제약과 실수요 소비층의 한계로 중국의 맛이 전통적 식문화에 머물러 있을 때와 동일한 관점으로 식품 시장을 바라보지 말아야 한다는 것을 의미한다. 그래서

'그때는 맞고, 지금은 틀린' 지점들이 곳곳에서 발견되고 있다.

물론 중국의 맛의 본질이 바뀌는 것은 아니다, 세대 간 일상생활의 요구에 따라 본질적 모습이 얼굴만 조금씩 바꾸는 것이다. 시장이 더 세분화할수록 차별화의 관점은 더 또렷해진다. 차별화를 성공적으로 이뤄내려면 본질을 충실히 이해하고 세분화한 소비층의 생활환경 특성과 요구를 반영하는 통찰력이 필요하다. 일반적으로 차별화의 약점은 차별화된 요소로 인해 시장이 작아지는 데 있다. 하지만 중국 시장은 이제 제대로 문호가 열려 거대 시장으로 바뀌는 시점에 와 있다. 수입 식품을 애용하던 기존의 고소득층 위주의 작은 시장을 위한 차별화가 아니라 대중 시장을 넓히기 위한 차별화가 필요하다는 점을 강조하고 싶다.

둘째, 현지화 필수 점검 리스트.

맛의 차별화를 진행하려면 중국인의 입맛에 맞게 해당 먹거리(요리 또는 식제품)의 현지화가 필요하다. 더욱이 중국 대중의 입맛을 겨냥하려면 현지화 요구는 더 중요해진다. 한편, 앞선 설명처럼 중국은 교류가 잦은 지리적 환경의 영향 때문에 어느 나라보다도 다양한 맛과 식문화에 대한 수용력이 크다.

그렇기 때문에 중국 진출 초기에는 한국의 맛을 그대로 소개해도 소비층이 형성되는 경우가 많았다. 이런 면에서 보면 중국의 식탁은 개방형이다. 하지만 엄밀히 들여다보면 이런 방식의 시장 진출은 이제 한계에 다다르고 있다. 초기에는 맛보다 식품안전에 대한 만족으로 프리미엄 제품을 원하는 일부 고소득층의 수요가 있었다면, 현재와 같이 일반 대중을 상대로 하는 시장에 진출하려면 맛의 현지화가 필수이기 때문이다.

하지만 현지인의 입맛에 맞추는 일은 녹록지가 않다. 좋은 아이디어를 내서 적용해보지만, 현지에 진출해 뚜껑을 열어보기 전까지는 반응과 결과가 잘 드러나지 않는 경우가 많다. 이런 관점에서, 맛의 현지화를 시도할 때 꼭 점검해보면 도움이 될 네 가지 사항을 정리했다. 세부적인 맛에 대한 종류별 호불호는 중국 또한 여느 상식 수준과 별반 다르지 않다. 여기서는 상식을 벗어나 중국의 특성이 잘 드러나는 사례를 살펴보도록 하자. 한마디로, 맛의 종류는 바르게 선택했더라도 왠지 결과가 시원찮게 나오는 알쏭달쏭한 경우에 해당하는 사례들이다.

1) 익숙한 맛인가: 중국에서 외국의 맛을 현지화할 때 현지

인의 입맛에 어느 정도 맞춰야 하는지 정하기란 쉽지 않다. 이때 필요한 것이 외국의 독특한 맛의 개성은 살리되 그 수준을 현지인이 수용하기 편한 정도로 가다듬는 일이다. 익숙지 않은 맛에 해당하는 경우는 다양하다. 깻잎과 같이 중국인이 잘 먹지 않는 식재료, 효능은 좋지만 약리효능 때문에 먹을 때 기능을 따져보는 인삼, 중국인의 차문화에 들어맞지 않는 유자차, 단백질 식품으로 각광 받지만 먹을 때 향과 농도에 민감한 치즈 등이 그 예다. 중국인의 개방적인 입맛 때문에 초기에는 그 특징이 잘 드러나지 않지만 중국인 입맛에 익숙지 않은 특징을 가진 먹거리는, 지속성이 약해 시장에서 오래 살아남지 못하는 경우가 많다.

2) 맛의 정체가 분명한가: 익숙한 맛이지만, 다소 다른 결이 있지 않은지 점검해야 한다. 중국의 식재료와 조리법은 그 어느 나라보다 가짓수가 다양하다. 언뜻 생각하기에 '먹거리가 다양하니 입맛도 무던해 무엇이든 잘 먹겠지'라고 생각할 수도 있다. 하지만 식재료로 무엇을 썼는지, 각 식재료의 맛이 요리에 잘 반영되는지에 대한 혀끝의 평가는 매섭다. 중국 식당에 가서 메뉴판을 보면 요리 이름을 통해 주재료가 무엇인

지, 어떤 조리법으로 요리했는지 알 수 있다. 식재료와 조리법이 다양하게 발전되어 가리지 않고 적응력이 좋은 입맛이라기보다, 먹거리의 정체를 더 따지고 맛을 표현하고 평가하는 방법이 더 현실적으로 적용돼 있는 것이다. 따라서 중국인 관점에서 볼 때, 맛은 있지만 재료와 조리법을 판단하기 모호한 맛은 경계 대상이 된다는 점을 간과하지 말아야 한다.

3) 음식 궁합에 맞는가: 중국은 실생활에서 음식의 궁합을 따져보는 식문화의 뿌리가 깊다. 식약동원이라 하여 평소의 음식으로 건강 관리를 하는 식습관이 보편화돼 있다. 한국 식문화는 많은 부분에서 서구화가 진행돼 잘 느끼지 못하는 부분이지만, 중국 시장에서는 음식 간 궁합에 따라 어울림의 좋고 나쁨이 분명한 경우가 있다.

실생활에서는 음양 궁합을 매우 빈번하게 따진다. 예를 들어, 한국인이 좋아하는 해산물은 중국인에게 차가운 성질[阴]로 인식되어 곁들여 마실 술을 고를 때 마찬가지로 차가운 성질의 맥주는 금기시한다. 또한, 해산물을 찍어 먹는 장류도 음을 중화하고 불편한 비린내를 가리기 위해 일반 간장보다는 따뜻한 성질의 생강을 썰어 넣은 식초를 사용한다. 따라서 먹거리의 기본 성질을 미리 파악해놓고, 현지화 적용을 위한 사전점검을 꼭 해야 한다.

4) 지역과 소비층 특색이 반영되었는가: 현대 중국의 식품 시장에서는 지역별 특징과 세분화된 소비층의 생활방식 차이가 전통 식문화에 영향을 끼쳐 부분적인 변화가 끊임없이 일어나고 있다. 대부분 도시화가 빠르게 진행되는 지역일수록 일상의 바빠진 생활패턴과 스트레스 증가로 식문화 또한 간편과 편의성 위주로 변화되는 사례가 늘어나고 있다. 이런 측면에서 보면 한국의 시장 환경과 더 가깝게 가는 추세이므로, 목표하는 소비층을 좁혀 명확히 타깃팅하는 현지화가 더욱 중시되는 상황이다.

셋째, 중장기 관점에서 첫 단추 끼우기.

중국 시장이 과거 소중(小众)을 지향했다면 지금은 대중(大众)을 향한다는 점은 분명한 흐름이다. 이전에는 교두보를 찾고 정착을 시도해보는 단계였다면, 지금은 끊임없는 경쟁 속에서 시장 확장을 시도하는 단계다. 따라서 중국 진출을 위한 모든 시도는 중장기적인 지속성을 염두에 두고 진행해야 한다. 초기에는 반짝 아이디어로 호기심을 유발해 인기를 얻을 수 있지만, 대중을 상대로 하는 단계에서는 호기심만으로 지속성 있는 확장을 담보할 수 없다. 오히려 시장을 만들었지만 과실을 후발주자에게 넘기고 사라지게 될 우려가 더 크다. 시장이 커진 만큼 경쟁이 치열해지기 때문이다.

따라서, 중장기 관점에서 고려해야 할 첫 단추는 먹거리의 현지화된 맛(품질)에 이어 중국인의 정서에 닿아 쉽게 친숙해질 수 있는 얼굴(브랜드)을 준비하는 것이다. 이는 '미투(Me Too) 전략'(유명 제품을 복제해 판매하는 전략)을 일상화한 중국 시장에서 쉽게 모방하기 어려운 짝퉁 방지 장치와도 같다. 온라인 시장이 급격히 성장하는 중국의 유통 환경과 모바일 구매가 보편화하고 있는 상황에서 브랜드 구축은 더는 늦출 수 없는 중요한 사항이 됐다. 그만큼 중국 시장에서 정착하고 확장하는 데 소요되는 시간이 전보다 훨씬 빨라졌기 때문이다. 중국 시장은 진출 전의 사전 준비가 진출 후 확장 전략보다 더 중요한 곳이라는 점을 꼭 염두에 두길 바란다.

宗烤羊肉串
秘制老北京
肚 羊

나가며

民以食为天.

먹거리는 사람에게 하늘과 같다.

중국에서 자주 쓰이는 식품에 대한 정의다. 비단 중국뿐 아니라 사람에게 먹거리는 생활필수 요소인 의식주 중 생명 유지에 가장 중요한 것이다. 그래서 먹거리는 비단 '맛'이라는 단어 하나로만 표현할 수 없는 존재이기도 하다. 우리가 맛을 보며 즐거움을 찾을 때 그 이면 깊은 곳에서는 생명 유지를 위한 본능이 함께 움직인다는 것은 인류의 공통점이다.

결론적으로 말해, 한국의 맛이 중국에 진출할 때 가장 필요한 덕목은 먹거리에 대한 진정성 있는 마음이 아닐까 싶다. 이것이 이 책을 통해 전하고 싶은 마지막 조언이다.

한중 간 먹거리에 대한 이해, 맛의 선호에 대한 서로 간의 차이, 맛을 판단할 때 혼동하기 쉬운 부분을 단락별로 최대한 쉽게 정리해보았다. 여전히 부족한 부분이 많음에도 끝까지 읽어주신 독자들께 감사의 마음을 전한다. 이 책이 대륙 식탁에 보다 가까이 다가가는 데 도움이 되기를 바라며 글을 마무리한다.